循环平稳理论的盲源分离原理与算法

（第二版）

赵菊敏　李灯熬　毋凡铭　著

中国科学技术出版社
·北　京·

图书在版编目（CIP）数据

循环平稳理论的盲源分离原理与算法 / 赵菊敏，李灯敖，毋凡铭著 . -- 2 版 . -- 北京 : 中国科学技术出版社，2025. 7. -- ISBN 978-7-5236-1129-6

Ⅰ. TN911.7

中国国家版本馆 CIP 数据核字第 2024EZ5548 号

责任编辑	王　菡
封面设计	东方视点
正文设计	中文天地
责任校对	张晓莉
责任印制	徐　飞

出　　版	中国科学技术出版社
发　　行	中国科学技术出版社有限公司
地　　址	北京市海淀区中关村南大街 16 号
邮　　编	100081
发行电话	010-62173865
传　　真	010-62173081
网　　址	http://www.cspbooks.com.cn

开　　本	720mm × 1000mm　1/16
字　　数	171 千字
印　　张	11.25
版　　次	2025 年 7 月第 1 版
印　　次	2025 年 7 月第 1 次印刷
印　　刷	涿州市京南印刷厂
书　　号	ISBN 978-7-5236-1129-6 / TN · 63
定　　价	49.00 元

内容简介

盲源分离是现代信号处理的重要前沿研究领域之一，是在源信号及传输信道未知的情况下，仅利用接收滤波器输出的观测数据恢复源信号的方法，在通信、语音处理、图像处理、地震勘探、生物医学、雷达及经济数据分析等领域有着广泛的应用。利用信号的循环平稳特性的处理方法是一种介于平稳过程和非平稳过程之间的特殊的非平稳信号的处理方法，更加接近实际通信信号的特性。

本书研究基于循环平稳理论的盲源分离算法，具有着重要的理论和实践意义，不仅介绍了盲源分离的基本知识和总体概况，而且给出了几种重要的基于循环平稳理论的盲源分离算法。

本书共分为 6 章。介绍了循环平稳理论的盲源分离算法的研究意义、基本概念、基本模型、经典算法及其仿真，研究了变步长对算法收敛速度与稳健性的影响，提出了几种有效的变步长算法。

本书可作为不同工程应用领域的大学教师、研究生和科技工作者的盲源分离入门教材，而对于想要探索盲源分离技术的专业研究人员，更是一本极有价值的参考书。

前　言

盲源分离是20世纪90年代末出现的一种新的信号处理方法，它在源信号及传输信道未知的情况下，仅利用接收滤波器输出的观测数据恢复源信号，主要用于恢复和提取多通道混合信号中的潜在成分，进而在混合信号中分离出有用信号。盲源分离由于不需要训练序列就能实现对混合源信号的分离，目前已广泛应用于通信、图像处理、国防军事、生物医学、地质勘探等领域，使得其越来越成为信号处理中一个极具潜力的分析工具，并成为信号处理领域的重要热点研究课题之一，同时盲源分离算法研究紧跟国内外最新研究动态，是信号处理领域重要的分支学科。

自2007年开始，在山西省青年科学基金项目“基于循环平稳理论盲均衡技术的研究”（2007021016）和“基于二阶循环统计量盲均衡器的研究”（201002 1017-1）、山西省国际科技合作项目“基于BSS心脏模型虚拟现实的心脏病灶诊断”（2012081031）、山西省留学回国人员科研资助项目“稀疏条件下的欠定二导联房颤信号的提取及其虚拟实现”（2013-032）和国家自然科学基金面上项目“心电信号J波提取理论与关键技术研究”（61303207）、“融合多模态大数据的心力衰竭风险评估模型研究”（62076177）、国家自然科学基金国家重大科研仪器研制项目“高速激光器芯片光学灾变损伤过程实时分析仪”（62027819）、中央引导地方科技发展资金项目“基于影像分析的直肠癌智能辅助诊断技术研究”（YDZJSX2022A011）等课题的资助下，本书作者及其所指导的研究生张海燕、马庆伦、郭磷婕、陈琛、郝德峰、刘红燕、白雁飞、刘学博、刘婷等，将信号的循环平稳特性与盲源分离算法有效结合，系统地研究了基于循环平稳理论的盲源分离算法，一些研究成果已在国内外重要学术期刊及学术会议上发表。本书作为这些研究成果的总结与提炼，反映了目前国内外盲源分离方面的研究动态，集中介绍了循环平稳理论盲源分离的核心算法以及应用实例。

本书共分为 6 章。第 1 章绪论，主要介绍了循环平稳理论盲源分离算法的研究意义和研究背景，分析了盲源分离算法在信号分离领域中的应用，并就国内外学者对盲源分离、循环平稳理论以及基于循环平稳理论盲源分离算法的研究动态进行了阐述，给出了本书的结构安排。第 2 章基于循环平稳理论的盲源分离，主要介绍了盲源分离的模型、独立性判据、盲源分离的各种算法以及算法的性能评判，提出将循环平稳统计量用于控制分离矩阵，通过循环平稳分离矩阵抑制非平稳噪声，从而实现混合信号的有效分离方法。第 3 章基于循环平稳度的盲源分离算法，主要介绍了循环平稳度及其特性，提出利用循环平稳度控制盲源分离矩阵，实现基于二阶循环平稳度的盲源分离算法，并详细推导了二阶循环平稳度准则，从而提出基于该准则的盲源分离算法。同时，把循环平稳度的概念扩展到高阶循环平稳信号的应用中，推导了三阶循环累积量的循环平稳度准则，并证明其有效性，提出了基于三阶循环平稳度准则的盲源分离算法。仿真结果表明，其以循环平稳度为准则的盲源分离算法，能够很好地抑制混合信号中的高斯噪声和对称噪声，针对信道噪声有较强的鲁棒性，对于源信号具有较好的盲源分离效果。第 4 章基于对角化原理的循环平稳盲源分离算法，分析了联合矩阵近似对角化的过程，提出了基于鲁棒白化平均矩阵对角化盲源分离算法，对混合循环平稳信号进行鲁棒白化处理，将其循环协方差矩阵记为一个矩阵集，求该矩阵集的平均，通过联合近似对角化实现循环平稳信号的盲分离。该算法通过矩阵统计特性，降低了计算复杂度。同时，提出了基于循环平稳理论的 JADE 盲源分离算法。对接收信号做白化处理，再实现混合信号的去相关，将不同循环频率的信号进行分组，对每组信号运用 JADE 法分别进行分离，从而实现混合信号的盲源分离的目的。仿真表明，该算法具有较好的分离效果。第 5 章基于互信息量最小化的循环平稳信号盲源分离算法，阐述并分析了 KL 散度和最小互信量及其性质，根据互信量最小准则，提出了互信息量最小化的循环平稳信号盲源分离算法。仿真结果表明，信噪比越大，均方误差越小，说明该算法性能较好。第 6 章基于循环平稳理论的变步长盲源分离算法，在基于最小互信息量的循环平稳盲源分离（MMI—CS—BSS）算法的基础上，为了克服收敛速度与稳健性之间的矛盾，提出了一种变步长的循环平稳信号盲源分离（VSS—CS—BSS）算法，该算法采用自适应变步长代替了原算法中的步长，合理选取算法中各个参数。仿真结果表明，本算法既有很快的收敛速度，又有很好的稳健性。继而又介绍了三种变步长算法，分别是分阶段变步长循环平稳信号盲源分离算法、基于类似性能指数曲线的变步长循环平稳信号盲源分离算法和基于分离度的变步长盲分离算法。附录提供本书的英汉对照术语表。书中一些内容取材于最近的国内外文献资料，各章后面都附有较多的参考文献，以便读者进一步查阅。

本书具有以下特点：

新颖性：提出盲源分离算法解决盲信号处理的最新研究进展，论述的各种理论是目前研究与应用的热点或将要引起人们关注的理论问题，内容新颖、丰富，可启发相关领域的研究人员开展自己的新研究方向。

学术性：具有一定的理论高度和学术价值，书中大部分内容参考国际、国内一流学术期刊发表的论文和作者的科研成果，全面地展示国内外最新的科学研究内容和发展动向，具有一定的前瞻性和学术参考价值。

应用性：尽量避免特别复杂的数学理论推导，强调在实际工程中的应用，为在各学科领域中扩展应用和延伸提供新型的优化方法。

本书在 2015 年国防工业出版社出版的《循环平稳理论的盲源分离原理与算法》（国防科技图书出版基金资助）的基础上修订而成。在编写和修订过程中，得到了天津大学博士研究生导师张立毅教授、太原理工大学博士研究生导师王华奎教授和张刚教授等的大力支持和帮助，天津商业大学陈雷博士也给予了帮助，同时还参阅和引用了部分国内外学者的相关文献，在此一并致以诚挚的谢意。

由于作者水平有限，书中难免会出现一些疏漏和不妥之处，恳请读者批评指正。

谨以我们辛勤耕耘的收获，奉献给我们挚爱的人！

李灯熬　赵菊敏　毋凡铭

2025 年 7 月

目 录 CONTENTS

第 1 章

绪　论

1.1　盲源分离的研究意义

21 世纪是信息时代，信息社会里充斥着各种各样的信息，而信号就是种类繁多的信息的载体。信号无处不在，太空发射回地面的电磁信号，海底世界产生的声呐信号，四季变迁所引起的大气环流信号，我们随时可听到的语音信号，随时可看到的视频图像信号，伴随着我们生命始终的心电信号、脑电信号以及心跳、脉搏、血压等众多的生理信号等，构成了一个绚丽多彩的信号世界。

盲源分离（Blind Source Separation，BSS）[1] 技术是 20 世纪 90 年代末提出的一种新的信号处理方法，是在源信号及传输信道未知情况下，仅利用接收滤波器输出的观测数据恢复源信号的方法。该技术主要用于恢复和提取多通道混合信号中的潜在成分，进而在混合信号中分离出有用的源信号。与传统的多通道信号分析方法不同，经盲源分离算法处理后得到的各个分量不仅去除了相关性，而且是相互统计独立的、非高斯分布的信号。

盲源分离问题的引入来自“鸡尾酒会”问题，其初衷是从一个存在多人会话的嘈杂环境中得到自己感兴趣的某位谈话者所说的清晰内容。人类可以通过自身的认知能力实现上述期望，而利用多麦克风采集到的阵列信号，通过盲源分离算法也可以分离出所感兴趣的内容。

在自然界中同样存在很多类似“鸡尾酒会”的问题，很多真实的信息和数据被干扰信号或噪声所掩盖，从而影响人们对问题的正确判断。如在生物医学信号检测领域，心电图（Electrocardiogram，ECG）、脑电图（Electroencephalogram，EEG）和脑磁图（Magnetoencephalogray，MEG）等人体生物信号对于病情的诊断具有十分重要的意义，然而由于信号采集设备的电磁干扰和人体其他器官的运动伪迹等影响，会妨碍对有用信号特征的观察和分析。而盲源分离基于有用信号和干扰信号相互独立的实际情况，可以有效实现生物医学信号检测领域的干扰信号消除，从而使医生能够更加高效地对病情进行分析判断，为进一步确定诊疗方案做好有力保障。

在通信信号处理领域，为了克服码分多址通信中的多址干扰和远近效应，一般采用多用户检测技术，传统的多用户检测器往往需要训练序列等多种先验参数，从而影响通信效率。盲多用户检测器则无须训练序列，只利用待检测用户信息而不需干扰用户信息即可实现多用户检测功能，因而是多用户检测技术的发展方向。由于盲多用户检测器的数学模型具有和线性混合盲源分离的数学模型相同的形式，所以可以将盲源分离引入多用户检测领域，从而实现更好的通信效果。并且通过将盲信号分离与过采样以及多进多出（MIMO）等技术相结合，也能实现很好的盲源均衡效果。因此，盲源分离在通信信号处理领域也具有广泛的应用前景。

在图像处理领域，盲源分离可广泛应用于图像融合、图像加密和数字水印等，并具有很好的处理效果。在工业领域，盲源分离算法已经被成功用于各种工业过程的状态检测和故障判断。此外，盲源分离还在金融分析、文字识别、环境信号分析以及雷达监测等领域发挥着重要作用。

由于在许多方面对传统方法的重要突破使得盲源分离成为信号处理中的一个极具潜力的分析工具，目前已经成为信号处理领域的重要前沿热点课题之一，是信号处理领域的重要的分支学科，也是国际上公认的信息领域的难点技术之一。

传统的对盲源分离算法的研究都是建立在信号为平稳随机过程这一前提下，曾涌现出多种盲源分离算法。从算法的角度划分，有批处理算法和自适应算法；从代价函数的角度划分，有基于神经网络的方法、基于高阶统计量的方法、基于互信息量的方法、基于非线性函数的方法等。

然而，现代信号分析与处理技术的本质从整体上来说可以用七个“非”字概括，即非线性、非因果、非最小相位系统、非高斯、非平稳、非整数维（分形）信号和非白色的加性噪声（有色噪声）。非平稳信号的处理与研究相对于平稳信号处理要复杂，但平稳随机过程只是理论研究中对实际信号的一种简化模型，具有方差特性不理想等缺点，与实际信号差别较大。为了能够体现信号的本质，使得盲源分离的结果更加有效，将循环平稳理论与盲源分离算法有机结合，提出一种基于循环平稳理论的盲源分离算法，以提高分离效果，增强算法的实时性。

信号的特定阶统计特征参数是随时间周期性变换的，这类信号统称为“循环平稳信号”（Cyclostationary Signal，CS）[2, 3]。通信系统发送端的已调信号，如调频信号，具有昼夜或季节性规律变化的自然信号，心电图、脑电图以及军事领域中雷达和声呐系统的周期扫描信号都具有循环平稳特性。利用信号的循环平稳特性的处理方法是一种介于平稳过程和非平稳过程之间的一种特殊的非平稳信号的处理方法，更加接近实际通信信号的特性。这种方法具有很强的抗噪声和干扰的能力，能保留信号的相位信息，与传统功率谱分析方法比较具有明显的优势。循环平稳理论一方面反映了信号统计量随时间的变化，弥补了平稳信号处理的不足；另一方面利用信号统计量周期变化，简化了一般的非平稳信号处理。

信号的循环平稳性在频域和频谱相关性等效，即信号在不同的循环频率上其频谱可以错开。如果几个信号在原频谱上重叠，采用常规滤波办法将不能实现有效分离，但利用循环平稳信号的谱相关性能够使其在循环频率上的频谱错开，从而得到很好的分离效果。以循环平稳理论为理论依据，根据循环平稳度准则以及循环累积量，对接收信号进行处理，实现对接收混合信号基于循环平稳理论的盲源分离。

在盲源分离中引入循环平稳理论，可以实现混合源信号中循环平稳信号的有效分离，其计算量也远比基于高阶统计量的盲源分离算法小得多，也能够有效抑制混合信号中的高斯噪声。因此，运用盲源分离方法分离循环平稳信号具有重要意义，已经成为现代信号处理领域的一个全新的前沿热点研究方向。

1.2 盲源分离的国内外研究现状

循环平稳理论的盲源分离算法研究紧跟国内外最新研究动态，属于通信信号处理领域的重要前沿热点课题，是信号处理领域的重要的分支学科。国外著名刊物 *IEEE Transactions on Signal Process*、*IEEE–ACM Transactions on*

Audio Speech and Language Processing、*Signal Processing* 等均有循环平稳信号盲源分离最新研究进展的报道，我国的许多高校和研究机构，如清华大学、南京邮电大学、东南大学等高校也在从事该领域的研究，国家自然科学基金、国家重点研发计划等也对该类研究给予了大量的投入和资助。

1.2.1 循环平稳理论的研究现状

平稳随机过程是电子信息和通信工程领域最普遍的随机信号模型，大部分传统的盲源分离算法都将随机信号作为平稳随机信号来考虑，这时所涉及的通信系统产生参数是不随时间变化的信号。但在实际应用中，许多信号具有明显的非平稳性，这类信号的均值、自相关函数以及高阶统计量并不总是常数，而是随时间变化的。以信号平稳性为假设基础的传统分析手段越来越显示出其局限性，为了更加准确地掌握信号的本质，许多研究人员开始尝试性地把非平稳信号的处理方法，如时频分析、小波变换等，引入信号处理领域。

随着循环统计量理论在通信领域的不断发展和完善，人们逐渐认识到如果从循环平稳的假设出发，在循环平稳理论框架内分析通信信号的本质，从信号的物理本质入手研究其循环平稳特性，对通信信号的处理将更真实、更准确，实时性更好。

循环平稳信号广泛地存在于现实世界中，其均值、自相关函数、累积量等都是在时间上的周期函数，并且信号的频率也会随时间而变化，如语音、雷达及其他含有较多突变分量的信号。目前，分析和处理循环平稳信号存在很多方法，这些方法的根本出发点就是通过分析信号具有周期性的时变特征来获取信号中的有用信息。一个循环平稳信号的循环频率 α 可能有多个（包括零循环频率和非零循环频率），其中，零循环频率对应信号的平稳部分，只有非零的循环频率才刻画信号的循环平稳性。

由于基于循环平稳理论的盲源分离问题，更接近于信号的本质，能够取得更好的分离效果，目前已成为信息与通信工程等学科的一个炙手可热的重要前沿研究课题，显示出诱人的应用前景。

1930 年，Wiener N[4] 在经典著作《广义调和分析》（*Generalized Harmonic Analysis*）中提出了循环平稳过程的谱相关理论及其信号谱相关分析技术。1958

年，Bennetl W. R[5]首次提出“循环平稳随机过程”的术语，并且确定了非平稳过程的循环平稳特性。同时期，L. I. Gudzenko[6]等也提出“周期非平稳随机过程”的概念，人们开始认识到这类信号具有循环平稳性（或者周期性）。

1975年，Gardner W. A和Franks L. E[7]发表了《循环平稳随机信号过程的特性》（*Characterization of cyclostationary random signal processes*）一文，循环统计量以及循环平稳分析方法的研究从最开始的理论研究阶段，进入一个理论与实践相结合的发展阶段。

1986年，Gardner W. A[8, 9]总结循环平稳理论研究的经验，系统分析了循环统计量的基本概念与性质，提出从正弦波抽取的角度看待循环平稳现象的方法，并提出谱相关理论以及谱冗余的思想，首次揭示了循环平稳信号的本质特征为其谱相关特性，即将瞬时谱在频率上分别上下搬移一定值后得到的两个信号谱具有相关性，搬移的频谱差值就是信号的循环频率。

1987年，Gardner W. A[10]利用谱相关理论详细分析了雷达、通信、声呐等系统中几种常见的循环平稳人工信号，使人们对循环平稳性有了更直观的了解。在理论研究的基础上，对于采样、编码、循环谱估计等实际问题进行了初步探讨。

1991年，Gardner W. A[11]提出循环平稳度（Degree of Cyclostationarity，DCS）的概念，用来度量信号在循环频率α处的循环平稳程度，用于信号的检测和参数估计。1992年，Gardner W. A[12, 13]深入研究了在强杂波干扰下的循环平稳信号的时差估计问题。1993年，Gardner W. A[14]在频域研究了对循环平稳信号的滤波问题，形成了一套频移（frequency shift，FRESH）滤波理论，该理论的依据是循环平稳信号的信号谱平移特定值后得到的信号谱与原信号谱仍是相关的。

1994年，Dandawate A. V[15]、Spooner C. M. 等[16]研究了循环平稳信号的检测方法，完善了谱相关检测理论。

在20世纪90年代中期，循环平稳信号处理技术被应用到更多领域，如盲源分离、盲均衡、信号分析与系统设计等，并且与高阶累积量理论相结合发展出高阶循环平稳信号处理技术。这些重要思想、理论和方法的提出为之后循环平稳理论的研究，以及该理论在通信及相关领域的稳步发展奠定了坚实的基础，吸引了该领域内的大批学者从事与之相关的研究工作，同时使人们看到了循环平稳理论应用的广阔前景。

进入 21 世纪以后，除在上述领域外，循环平稳信号处理技术的应用领域更加广阔，在机械设备状态监测与故障诊断、生物医学信号处理、频谱感知等领域也得到广泛应用。

1. 循环平稳理论用于盲源分离

在充分利用信号本身统计特性的周期性的基础上，运用循环平稳理论可以检测并分离混合于循环平稳信号中的其他平稳或非平稳的随机信号。基于循环平稳理论的信号系统检测算法[17]以及盲源分离算法能有效提高算法的精度及计算效率，并且可以降低运算时间。

依据循环平稳理论，提出相应的目标函数，分析系统输出混合信号中各分量独立性，结合信息论原理和方法最小化该目标函数，实现信号的盲源分离。并利用信号的循环平稳特性对混合信号进行盲源分离的训练，根据循环平稳特性进行算法训练可以避免矩阵求逆运算，从而降低运算量[18–20]。这类算法有效地利用统计独立和信号循环平稳性，目标函数只用到二阶统计量便可以较好地实现两输入非平稳信号的盲源分离。

运用循环平稳理论进行盲源分离的算法大致可分为以下两种：

1）无模型盲源分离算法[21, 22]通过自组织映射方法，根据混合信号在不同循环频率处的循环平稳特性，从非线性混合数据中抽取独立的信号，以实现接收信号的盲源分离。

2011 年，张海燕[23]将循环平稳度准则与联合近似对角化算法相结合，实现了平稳信号与循环平稳信号的分离以及多路循环平稳信号的分离。该算法不仅实现了循环平稳信号与平稳信号的分离，还可以分离循环频率相同的源信号，克服了其他基于循环平稳理论的盲源分离算法只能通过循环频率的不同来分离源信号的限制；同时两种算法的结合，克服了传统 JADE 算法只能在无噪情况下进行的局限性。

2）感知器模型盲源分离算法是基于二层感知器模型，使用自然梯度下降法最小化互信息量[24]实现信号的盲源分离。2011 年，马庆伦[25]等将上述算法应用到了循环平稳信号中，得到了较理想的效果。

2. 循环平稳理论用于信号均衡

1991 年，由 Tong 等[26]利用接收信号的二阶统计量（Second Order Statistics，SOS）首次完成信道的盲辨识和盲均衡的研究。通过对接收到的连续波形进行过采样，得到的离散时间序列表现出来的是循环平稳特性而不是平稳特性，其二阶循环平稳统计量（Second-order Cyclostational Statistics，SOCS）提供了估计和均衡大多数 FIR 信道的充分信息。

这类算法最大的优点是有快速收敛性，实时性好，而且计算量相对基于高阶统计量的盲算法小。但是该类算法是以牺牲通信系统的信噪比为前提，造成了信道容量的下降。理论上认为，根据循环二阶统计量理论，能够完全抑制任何平稳的高斯或非高斯噪声。

在后续的研究中，有人将过采样技术和子空间算法应用其中，通过对信道输出信号进行过采样，建立单输入多输出通道模型，并将运用子空间算法消除噪声对算法的影响，实现含噪声情况下的盲均衡[27–29]。

3. 循环平稳理论处理雷达信号

由于雷达信号大多是使用非线性相位和高阶多项式相位调制的复杂的 AM–FM 信号，即使采用一般脉冲信号，其回波脉冲串也是离散的 AM–FM 信号。所以它具有循环平稳特性，可以利用循环统计量来处理雷达信号[30–33]。

在利用雷达进行目标定位时，距离搜索和频率搜索的工作量特别大，特别耗费时间。根据雷达信号的时间结构和统计特性，提取多普勒频率，可以缩小搜索范围。利用循环平稳特性算出目标回波的多普勒频率值，对参考信号进行多普勒补偿，从而完成距离搜索。因此，利用循环平稳方法处理雷达信号比利用常规的平稳方法处理雷达信号更为现实，能够提高雷达分辨率，从雷达信号中提取更多的有用信息，抑制雷达信号的噪声。

4. 循环平稳理论用于波达方向估计

波达方向估计[34–37]是阵列信号处理领域和自适应波束成形技术中的一个重要课题。波达信号参数检测及估计是从众多波达方向的信号中提取我们需要的信号或参数的信号处理方法。波达信号检测的内容主要有信号频率估计、相位同步和符号同步等。

接收阵列相关技术是波达方向估计的主要方法，但是抑制噪声比较困难。循环平稳信号的本质特征为其谱相关特性，即将瞬时谱在频率上分别上下搬移一定值后得到的两个信号谱具有相关性，搬移的频谱差值就是信号的循环频率。Gardner[10]利用循环相关理论改进了传统的非参数型时延估计算法，抑制噪声的效果得到显著提高。

1.2.2 盲源分离算法的发展现状

盲源分离的研究可以追溯到 20 世纪 80 年代中期，以法国学者研究居多。Herault 和 Juttten[38] 于 1986 年首次提出盲源分离方法，该算法基于反馈神经网络，通过选择奇次非线性函数构成 Hebb 学习律的学习算法，达到分离两个独立源信号的目的。

1987 年，Giannakis 等[39] 提出了盲源分离的可辨识问题，引入了三阶累积量。在 1989 年召开的高阶谱分析研讨会上，Cardoso J. F 和 Comon P[40, 41] 发表了关于独立成分分析（Independent Component Analysis，ICA）的早期论文。

1991 年，Jutten 与 Herault 等[42–44] 发表了关于盲源分离的三篇经典文章，奠定了盲源分离算法中的迭代公式、特征值求解、矩阵分解等方法的基础，标志着盲源分离研究的重大进展。

1993 年，Cardoso J. F 等[45] 首次提出利用特征矩阵的联合对角化（Joint Ap-proximate Diagonalization of Eigenmatrices，JADE）进行盲辨识的方法，为今后利用 JADE 方法进行盲分离研究奠定了基础。1994 年，Comon[46] 首次提出盲信号分离的独立分量分析方法。

1995 年，美国索尔克研究所神经生物计算实验室的 Bell A. J 和 Sejnowski T. J[47] 提出了信息最大化法，利用神经网络的非线性导出了一种自组织学习算法，在无噪情况下成功实现了 10 路源信号混合的盲分离，并对语音信号进行盲解卷积，消除了语音信号中的回声问题。

1996 年，日本理化学研究所脑科学研究院的 Amari S. I 等[48] 利用格拉姆 – 沙利耶展开式替代埃奇沃斯展开式计算边缘熵以估计互信息，进而采用自然梯度法最小化互信息，得到了一种在线盲分离算法。同年，Cardoso J. F 等[49] 提出了基于串行更新思想的等变自适应分离（Equivariant Adaptive Separation via Inde-pendence，EASI）算法，其分离性能与混合矩阵无关，仅与源信号的统计特性有关，是第一个具有等变性质的盲分离算法。

1998 年，IEEE 声学、语音与信号处理国际会议（ICASSP）的论文集收录了 49 篇盲信号处理相关论文，反映了该领域当时的研究热度。之后，大量的研究人员积极投入到盲源分离技术的研究工作中，正是他们的辛勤工作极大地推动了盲源分离研究工作的快速发展，使得该项技术在短短的几年内涌现出了大量的有效算法。

1997 年和 1999 年，芬兰赫尔辛基大学的 Hyvarinen A[50, 51]提出了快速固定点算法（Fast Fixed-point Algorithm for Independent Component Analysis，Fast-ICA Algorithm），算法中使用固定点迭代替代了神经网络学习，采用逐次提取的方法，收敛速度快，与梯度算法相比，不需要学习速率和其他待调整的参数，可操作性强。

1999 年，Lee T. W 等[52]发展了 Bell A. J[47]的算法，解决了原算法仅能实现源信号为超高斯情况盲分离的问题，实现了在源信号中同时存在超高斯和亚高斯信号情况下的盲分离，并成功应用于消除脑电信号中存在的眼电伪迹信号和线性噪声等干扰。

2000 年，Bingham E 和 Hyvarinen A[53]又对 Fast-ICA 算法进一步研究，提出了源信号为复值数据的线性混合情况下的 Fast-ICA 算法。2001 年，Barros A. K[54]提出了基于信号时间结构的半盲提取算法，利用感兴趣信号的自相关特性，实现了对特定信号的逐次提取，且收敛速度很快。

2001 年，Choi S 等[55]提出了利用自然梯度法在最大似然估计的框架下进行有噪情况下的盲源分离，但算法要求分离模型为过定情况，即观测信号数量要多于源信号数量。

2005 年，Abrard F 等[56]提出了利用时频分析方法实现欠定情况下的盲源分离，这一方法不需要限制源信号具有平稳、独立和非高斯等特性，并且与很多经典盲分离算法相比，具有更好的分离性能。

2007 年，Honkela A 等[57]提出了用于解决非线性混合的盲分离算法，利用多层感知器来模拟非线性混合，采用贝叶斯学习方法分离源信号，具有较好的分离效果。

2008 年，Sun T. Y 等[58]提出了在源信号数量未知的情况下，利用自修剪神经网络进行盲信号分离的方法。

2010 年，Xiang Yong 等[59]提出了一种新的盲源分离方法，旨在解决源信号相互关联的情况下从瞬时混合中进行信号分离的问题。该方法通过在发射端设计预编码器，使得在特定时间延迟下编码信号的某些互相关系数为零。随后，在接收端利用这些编码信号的独特相关特性，实现源信号的有效分离。基于所提出的预编码器，推导出一种基于子空间的算法，用于盲分离相互关联的源信号。仿真实验结果验证了该算法在源信号分离方面的有效性。

2013 年，Diamantaras. Konstantinos 等[60]提出了一种新颖的聚类方法，用于从单一非线性混合信号中盲分离多个二进制源信号。这种方法无须任何优化过程，基于源信号概率分布不对称的假设，能够将输出概率分布表示为源信号的线性混合。利用已知的线性多输入单输出（MISO）盲分离方法，这一过程变得非常快速。理论上，该方法适用于任意数量的独立二进制源信号和各种非线性函数。但实际应用中，该方法的准确性依赖于输出概率和聚类中心的估计精度。实验表明，该方法成功分离了四个源信号。

2014 年，Ashino Ryuichi[61]提出了一种新的多级分离方法。在不知道传输通道特性的情况下，从传感器阵列中分离出原始源信号。除了基于独立成分分析的方法外，还提出了基于时频分析的若干方法，通过利用基于连续多小波变换的时间尺度信息矩阵来实现盲源分离。

2021 年，Ma S. 等[62]提出了基于稀疏性约束的 BSS 新算法，利用自适应分析字典来解决 BSS 问题。2023 年，Zhu ZY 等[63]提出了一种针对欠定盲源分离的新方法，该方法结合了余弦角度算法和 L1 范数优化算法，改进了混合矩阵估计。2024 年，Le T. T[64]提出了两种新的基于张量的 BSS 方法，即 TenSOFO 和 TCBSS。TenSOFO 旨在解决瞬时（线性）BSS 任务中的联合个体差异缩放（INDSCAL）分解问题，而 TCBSS 则有效地执行了受限的块项分解（BTD），适用于卷积 BSS 的设计。实验结果表明，与现有算法相比，两种方法利用交替方向乘子法的优势和张量表示的特点，在解决张量分解和盲源分离任务上都具有显著的效果。

国内关于盲源分离的研究开始于 20 世纪 90 年代中期，最早进行盲源分离研究的高校主要有复旦大学、东南大学、西安交通大学和上海交通大学等。1995—1996 年，复旦大学的凌燮亭[65, 66]利用神经网络实现了狭带信号和近场宽带信号混合的盲分离。

1996—1997 年，东南大学的汪军、何振亚讨论并发展了基于高阶谱的盲信号分离算法[67]、瞬时混叠盲信号分离算法[68]和卷积混叠盲信号分离算法[69]等。1998 年，西安交通大学的冯大政等[70]提出了一种具有抑制噪声作用的盲信号分离算法，并研究了算法的有界性和稳定性。

1998—2001 年，东南大学的刘琚等[71]提出了基于信息论的盲信号分离算法，上海交通大学的虞晓、胡光锐提出了基于统计估计的盲信号分离算法[72]和基于 FIR 神经网络的非线性盲信号分离算法[73]。

2001 年，张贤达、保铮撰写了国内第一篇关于盲信号分离研究的综述论文[74]。2002 年，刘琚、何振亚也对盲信号分离的基本数学模型和研究进展进行了详细介绍[75]。这两篇关于盲信号分离的综述性论文对国内其他学者进一步深入研究盲信号分离问题具有重要的引导和推动作用。

进入 21 世纪后，国内的盲信号分离研究进展迅速，许多学者提出了很多有效的盲信号分离算法。其中，冯大政等提出了一系列基于联合对角化方法的盲信号分离算法，可以有效解决卷积混合盲信号分离问题[76–78]。李远清等提出了采用盲信号提取的方法解决奇异混合和卷积混合的盲信号分离问题[79–81]。谢胜利等提出了采用进化计算方法解决非线性混叠的盲信号分离算法和利用信号稀疏性解决欠定混叠的盲信号分离算法[82–84]。张立毅、陈雷等将粒子群算法、细菌觅食算法等智能优化算法用于盲信号分离问题[85–87]。付卫红等基于多尺度融合神经网络、基于参数估计和 Kalman 滤波等研究了单通道盲源分离问题[88，89]。

从 2007 年开始，李灯熬及其研究团队也在盲源分离领域进行了研究，提出了基于循环平稳理论的盲源分离算法，并根据不同信号的特性，结合不同的循环平稳度准则[90，91]进行研究，并将子空间法[92]、联合矩阵对角化[93]、过采样技术[27]、粒子群算法[94]等应用其中；在后续研究中，作者将盲源分离算法应用到了医学领域。根据心电信号具有循环平稳特性的特点，通过基于循环平稳理论的盲源分离预处理电极检测到的体表电位分布，然后根据体表电位分布由体表电位数据来找出虚拟心脏的模型参数，得到虚拟心脏的模型参数，确定相应的心脏状态，从而通过虚拟心脏的模型参数直接反映了心脏生理病理的定量信息，如病灶的位置、范围及程度等。并提出了基于 FastICA 的心电信号消噪[95]、基于 Pearson–ICA 盲源分离的房颤信号分离[96]、基于稀疏分量分析的盲源分离算法[97]、基于信号相关性的单导联心室晚电位盲源分离[98]、基于非负矩阵分解的心电信号盲源分离等一系列理论及实现方法。

由于目前对 J 波良性与高危状态的检测仅限于临床阶段，即通过心电图进行判断，这些判断只能局限于从信号的幅值、波形以及发生位置等方面进行判断，并没有形成系统的研究理念，因此存在判断误差[99，100]。近几年，作者及其研究团队基于循环平稳理论的盲源分离技术实现心电信号的提取和并对其进行分析，正在努力地寻找区分J波良性与高危状态的特征指标，有助于识别临床异常J波的高危患者，减少恶性心律失常及特发性心室颤动猝死的发生，便于医生对J波的状态进行直观评判，在医学上具有重要的参考价值。在J波的相关领域提出了一种基于NMF的J波提取与分析的有效方法[101]、基于小波变换用于识别心电信号中的J波信号的提取[102]、基于反馈部分稀疏成分分析的J波提取方法等J波提取方法，这些论文依据心电信号的不同特性，提出了各自的优化算法，使得信号的提取精度更好。

随着国内学者对盲信号处理研究的不断深入，一些相关专著也相继出版，如杨福生等[103]所著的《独立分量分析的原理与应用》对进行盲信号分离研究所需的概率统计和信息论的基础知识、各种经典的ICA分离算法以及盲信号分离算法在实际领域的应用都进行了详细介绍。张发启等[104]编著的《盲信号处理及应用》、马建仓等[105]编著的《盲信号处理》和史习智等[106]所著的《盲信号处理－理论与实践》则对盲信号分离、盲解卷积和盲均衡等多个研究方向的基础知识、经典算法和相关应用做了详细论述。付卫红[107]编著的《盲源分离技术原理与应用》、梅铁民[108]编著的《盲源分离理论与算法》、黄知涛等[109]编著的《欠定盲源分离理论与技术》分别从不同角度分析了盲源分离的基本原理、关键算法及其主要应用，论述了超定、正定、欠定盲源分离技术。

随着国内外学者对于盲信号处理研究的不断深入，已经形成了一些专注于此类研究的科研机构或研究团队。这些科研机构或研究团队一般建有完善的机构主页，主页内容一般包括研究机构的主要研究方向、相关学者的主要研究领域、研究者所发表学术论文的列表并提供部分论文的下载服务。大部分主页还会提供自己相关论文中或论著中的一些仿真程序供读者研究学习，为初学者迅速掌握盲信号处理技术的相关知识提供了非常重要的帮助。

以下简要介绍几个目前国际上进行盲信号处理问题研究的主要科研机构和研究团队。

1. 日本RIKEN脑科学研究所高级脑信号处理实验室

该实验室主要由波兰学者A. Cichocki领导，其主要研究领域包括盲源分离/独立成分分析、脑数据分析与处理的先进方法、声音信号处理和语音增强等。该实验室主页提供实验室自 1995 年以来发表的学术论文，并提供部分论文的下载。该实验室还开发了名为 ICALAB 的 MATLAB 工具箱，该工具箱中集成了很多包括实验室成员提出的基于自然梯度的一些盲信号分离算法和其他学者提出的经典盲分离算法，可以帮助使用者对一些经典盲分离算法进行仿真分析和比较。该工具箱允许使用者自由选择源信号和混合方式，使用者可以修改算法中的可调整参数，并且可以对分离结果通过各种不同的性能指标进行评价。该工具箱具有信号处理和图像处理两个版本，分别对应所要处理的不同信号。该工具箱还提供非常详细的说明文档，帮助初学者迅速掌握该工具箱的使用方法。

由实验室的 A. Cichocki 和 SI. Amari 两位学者共同撰写的《自适应盲信号与图像处理：学习算法及应用》（*Adaptive Blind Signal and Image Processing*：*Learning Algorithms and Applications*）已经发行了中译本，而 A. Cichocki 等撰写的新书《非负矩阵和张量分解：在多向数据探索性分析和盲源分离中的应用》（*Nonnegative Matrix and Tensor Factorizations*：*Applications to Exploratory Multi-Way Data Analysis and Blind Source Separation*）也于 2009 年由 Wiley 出版社出版。

2. 芬兰赫尔辛基信息技术研究所

该研究所的领导者是芬兰学者 A. Hyvarinen，研究所的三个主题研究领域是神经计算、统计理论和神经数据分析。其中 A. Hyvarinen 的主要研究领域涉及独立成分分析、基于时间结构的盲信号分离、无监督学习、估计理论和贝叶斯网络与分析等。A. Hyvarinen 是著名的 FastICA 算法的提出者，在其个人主页中 A. Hyvarinen 提供了自己所有论文的列表以及部分论文的下载服务。同时，主页中也提供了很多 A. Hyvarinen 提出的算法的 MATLAB 代码，为学习者进一步理解相关算法原理提供了方便。主页中还为初学者提供了专门的入门指导，其中包括：

1）对于 ICA 理论的简要介绍。

2）一个图文并茂的简单盲信号分离例子。

3）设计了一个关于“鸡尾酒会”问题的页面，学习者可以在页面中使用鼠标选择“鸡尾酒会”问题中的源信号，然后试听源信号、混合信号和通过算法分离出的信号，从中感受算法的分离效果。

由 A. Hyvarinen 等撰写的《独立成分分析》(*Independent Component Analysis*) 也已成为研究盲信号分离和独立成分分析的必备书籍。

3. 美国索尔克研究所计算神经生物实验室

实验室的领导者是 T. J. Sejnowski 教授，实验室的很多研究是关于大脑功能、神经结构等生物领域的研究，而独立成分分析方法作为实验室研究的计算工具也成为其研究的重点。该实验室提出了 Infomax 算法和 Infomax 算法的扩展算法，并将所提出的算法应用于 EEG、MEG 和 fMRI 的信号处理，进行人脸识别和关于唇读的研究等。

该实验室开发了两个用于进行生物医学信号分析和处理的 MATLAB 工具箱：EEGLAB 和 FMRLAB。

（1）EEGLAB

EEGLAB 工具箱以 Infomax 算法及其扩展算法为核心，其中包含使用 ICA 和时频分析等方法进行 EEG 和 MEG 等电生理学数据进行分析的功能。该工具箱具有非常好的图形化界面和人机交互功能，使用者可以很方便地对信号进行输入、处理和结果观察。

（2）FMRLAB

FMRLAB 是一个采用 Infomax 算法及其扩展算法等 ICA 方法进行 fMRI 信号分析的 MATLAB 工具箱。它为进行核磁共振数据的分析提供了一个集成环境。它可以很方便地将 ICA 应用于核磁共振数据的处理，并通过图形界面进行处理结果的查看与分析。FMRLAB 最早由索尔克研究所神经生物计算实验室研究开发，目前由加州大学圣地亚哥分校神经计算研究所的计算神经科学斯沃茨研究中心来负责开发和维护。

1.2.3 基于循环平稳理论的盲源分离

盲源分离就是根据传感器观测到的混合信号的向量确定一个目标函数，以恢复原始信号或有用信源。观测到的混合信号向量是一组传感器的输出，其中每个传感器接收到的是源信号的不同组合。术语“盲”具有两重含义：一是源信号不能被直接观测提取；二是源信号混合过程是未知的。

显然，若信号从源地址到传感器之间的传输过程的数学模型未知，或者关于传输的先验知识无法获得时，为了恢复有用源信号而采取盲源分离技术是一种很自然的选择。

盲源分离技术的核心是分离，所谓分离可以理解为解混合矩阵的学习算法，它属于无监督的学习，其基本思想是抽取的接收混合信号统计独立的特征作为输入的表示，防止丢失信息。当混合模型为非线性时，一般是无法直接从混合数据中恢复源信号的，可以通过对信号和混合模型做进一步的模型分析，以实现盲源分离。

（1）以循环平稳理论为依据进行盲源分离的三种方式

1）利用循环平稳理论分析通信信号的特性，实现循环平稳信号与噪声的分离。这种方式主要是将循环平稳理论结合到目前较为常用的信号处理方法，其中包括 DS-CDMA 系统的循环平稳特性的分析、OFDM 系统频率和时间估计的循环平稳特性的实现等[110]。

2）结合信号的循环平稳特性与神经网络算法实现信号的分离。例如，胡学友[111]提出的基于自适应在线学习的盲源分离算法，以 KL 散度作为代价函数，运用随机梯度下降法，在估计分离矩阵的同时更新学习率，提高收敛速度。该算法利用自适应学习参数提高了盲源分离的收敛速度及算法性能，能够有效地分离混合图像信号。

3）根据信号的二阶循环统计特性分析其最大熵（Maximum Entropy，ME）与最小互信息量（Minimum Mutual Information，MMI），以达到盲源分离的目的。主要是以神经网络技术为基础，结合循环平稳理论对混合信号进行处理，提出相应的盲源分离算法，抑制噪声，实现盲源分离。

（2）基于信号循环平稳特性的盲源分离算法的优点

1）循环平稳特性反映了信号统计量随时间的变化，相较于传统习惯把信号当作平稳信号处理的方法，扩大了分析域，从而获得分析增益。

2）利用了信号统计量在时间上的规律性，相较于传统习惯把信号当作非平稳信号处理的方法，保留了有用信息，却简化了处理过程，更易于实时化。

1.3 盲源分离的应用领域

随着盲源分离理论研究的不断深入，如何将这些理论研究成果应用于解决生产生活中的实际问题，也越来越受到相关学者的重视。

盲源分离最早是由“鸡尾酒会”这一实际应用问题引入的，所以其研究也始终与实际应用密不可分。目前盲源分离的应用研究已经从最早的语音信号处理、图像信号处理发展到无线通信、工业故障检测、金融分析、文档文字处理等领域。

由于盲源分离技术需要的先验信息很少，使得其具有极强的适应性和广阔的应用领域，在无线数据通信、雷达、接收端视频信号的分离、语音信号分离、生物医学信号处理、金融行业以及国防军事等诸多领域有着广阔的应用前景。由于其在许多方面对传统方法的重要突破使得其越来越成为信号处理中的一个极具潜力的分析工具，目前已经成为信号处理领域的重要前沿热点课题之一，是信号处理领域的重要的分支学科，也是国际上公认的信息领域的难点技术之一。

1.3.1 语音信号处理和图像信号处理领域

混合语音信号分离是盲源分离的一个重要应用领域，在计算机语音识别、通信系统语音增强等领域发挥着重要作用。盲源分离算法也大多是针对语音信号盲分离的实际应用而提出的[112-120]。

视觉是人类最高级的感觉，图像在人类感知自然界环境并分析判断的过程中起着非常重要的作用。随着计算机技术的不断发展和人们对图像和视频技术要求的不断提高，数字图像处理技术对于人们生产和生活的重要性也在不断提高。而盲源分离作为一种先进的信号处理方法也同样适用于图像处理领域，可以有效地应用于图像融合、图像加密、自然场景分类、人脸识别和数字水印等领域[121-127]。

1.3.2 生物医学信号处理领域

在目前的生物医学信号处理领域，盲源分离技术正在发挥着重要的作用。随着现代医学的发展，很多情况下病情的诊断都要依靠对人体不同生理器官的生物医学信号特征的分析。然而人体生物医学信号往往非常微弱，并且极易被外界噪声和人体其他器官产生的信号所干扰，如医疗设备的工频干扰、呼吸引起的基线漂移和人体其他器官的运动伪迹等。因此，人们尝试将盲源分离用于生物医学信号处理，目前研究较多且较为成功的主要是针对心电图、脑电图和脑磁图的医学信号处理。其中，研究较早的有芬兰赫尔辛基理工大学的 R. N. Vigario 于 1997 年采用独立成分分析方法成功实现的 EEG 信号和 MEG 信号中伪迹的消除[128，129]，日本理化学研究所脑科学研究院的 O. Jahn 和 A. Cichocki 等于 1999 年提出的利用独立成分分析方法对 EEG 和 MEG 信号进行干扰消除等算法[130-132]。

近年来随着盲源分离技术的不断发展，其在生物医学信号处理领域的应用也在愈发深入和广泛[133-138]。

1.3.3 通信信号处理领域

在通信信号处理领域，多用户检测技术是一种可以有效消除 CDMA 通信系统多址干扰和远近效应的重要技术。但传统的多用户检测方法往往需要用户扩频码或信道信息[139，140]，导致其在实际通信系统中的应用受到局限。由于直扩 CDMA 通信系统的数学模型与线性混合盲源分离的数学模型基本相同，因而可以将盲源分离用于解决多用户检测。

J. Joutsensalo[141] 和 R. T. Causey[142] 于 1998 年分别提出将盲信号分离算法用于解决同步 CDMA 系统中的多用户检测，其后 J. Murillo-Fuentes 等[143] 提出了基于 median EASI 算法的异步 CDMA 多用户检测器。

目前已经有一些国内学者开始关注于采用盲源分离方法解决多用户检测问题，现已采用 FastICA 算法和 EASI 等盲源分离算法实现了 CDMA 通信系统的多用户检测，并取得了较好的效果[144-146]。2003 年和 2004 年，D. Iglesia[147] 和 L. Sarperi[148] 分别提出了 MIMO OFDM 通信系统中基于盲源分离方法的多用户检测器。

2006 年，L. Sarperi[149] 进一步提出了两种性能更优的基于 ICA 的 MIMO 通信系统接收机。其中，第一种 ICA-MMSE 接收机在保持低计算复杂度的情况下优于文献［147］中介绍的性能，并与文献［148］中介绍的性能相同；第二种 ICA-MMSE+SIC 接收机的误码率性能已接近于精确已知信道状态的接收机，且计算复杂度低于文献［128］。

1.3.4 工业过程监测领域

盲源分离在工业领域的应用也越来越多，主要集中在过程监测方面。工业过程监测的目的是监视生产过程中系统的运行状态，实时监测系统的生产状态和故障情况。如 R. F. Li[150]、M. Kano[151]、H. Albazzaz[152]和何宁[153]等提出了基于 ICA 的连续过程监测方法。C. K. Yoo 等[154]提出了间歇过程在线监测方法，将三维数据投影到低维空间，然后利用 MICA（Multi-way ICA）提取数据特征，从而可以实现高分子材料、药品和生物化学品等生产过程中常见的间歇过程在线监测。

肖应旺等[155]提出了将独立成分分析和多向主元分析相结合的间歇过程监测方法，利用独立成分分析从过程信息中提取非正态分布的特征信号，然后对剩余信息进行多向主元分析，从而成功实现了 β－甘露聚糖酶间歇发酵过程的监测。王丽等[156]提出了基于核独立成分分析的间歇生产过程的在线监控方法，通过在每个时间间隔点的数据块上应用基于核独立成分分析算法，成功实现了对青霉素发酵过程的监控。高伟[157]、吴金钟[158]、张玉安[159]等分别将盲源分离算法用于电机轴承、航空发动机轴承、滚动轴承等的故障诊断中，取得良好的效果。

1.3.5 金融分析领域

盲源分离算法中所蕴含的对独立成分的分析功能目前已被成功应用于金融数据分析和数据挖掘中。由于在一些统计得到的并行金融数据中，数据的变化往往是由于受到多种影响因素所导致，而这些因素间一般是相互独立的，如政府政策、自然气候、人为灾难等，因此可以采用独立成分分析方法从统计数据中挖掘出这些影响金融和市场经营状况的内在因素，从而为管理者的决策行为提供指导性建议。

A D. Back[160]将 ICA 应用于针对日本 28 家大公司三年内的股票指数的金融时间序列分析，从而得到关于股票投资组合的指导。郭崇慧[161]将 ICA 与改进的 k－均值聚类相结合，采用 Fast-ICA 算法对实际股票数据进行特征提取，进而将提取结果采用 k－均值聚类方法聚为 8 类，最后还对聚类结果中的独立成分进行了进一步的分析。C. J. Lu[162]将ICA与神经网络相结合，给出了一种股票价格预测方法。首先采用Fast–ICA算法对所要预测的数据进行独立成分分析，从中找到并消除独立成分中的噪声，然后利用剩余的独立成分重构预测数据，作为神经网络预测模型的输入进行预测，实验验证了该方法优于小波递归神经网络等其他预测方法，具有更小的预测误差和更高的预测精度。郭仁丽[163]针对股票风险价值的预测，为了提高Fast ICA算法的分离性能，提出了TSICA算法。首先基于Tukey函数和Softsign函数构造了一种分段函数用于改进算法的分离精度，其次引入牛顿三阶迭代以提高收敛速度。实验验证了该算法不仅提高了分离精度，而且迭代次数也大幅减少。

1.3.6 国防军事领域

现代战场上，舰机目标相互之间传输的敌我识别（IFF）信号含有大量军事情报信息[164]。通过信号侦察接收被侦察方询问、应答设备辐射出的信号，并对截获的IFF信号进行处理分析，就可以提取出对方飞机和舰艇的重要信息，为军事作战提供情报保障。然而在实际的信号侦察中，会存在一些问题，比如：信号分析时，难以对时域或频域重叠在一起的信号进行分析，如何对混叠的信号进行有效分离；信号测向时，传统的测向方法精度不高，而一些部分分辨率方法计算量过大，如何提高测向的精度和速度；信号识别时，特征参数受环境影响较大，如何消除噪声的影响，采用最简单的方法来达到最理想的分类识别效果。因此，准确地对IFF信号侦收获取具有重要意义[165]。

传统的信号分离方法都存在各自的不足，如基于FFT理论的周期图法无法对频谱重叠的信号进行分离，波束合成法可对不同方向的信号进行分离[166]，但需要一定的先验知识，而盲源分离法则突破了这些局限，显著的优点就是“盲”，即不需要目标信号的先验知识，对任何形式的信号都适用。迄今为止，将盲源分离技术应用到通信侦察[167，168]方面的研究还较少。文献［169］采用快速定点算法实现混叠IFF信号分离，此方法具有较好的收敛性，但计算量大，源信号数目增加时，算法性能会变差，同时该算法不适于信号的实时处理。孙凌宇等[164]将等变化自适应（EASI）算法应用到混叠敌我识别信号分离中，选择四阶累积量，峭度作为目标函数实现混叠敌我识别信号的分离。刘小秋等[165]从 DoA 估计和调制识别这两方面研究了盲源分离技术在通信侦察中的应用，采用盲源分离不仅能将频谱混叠的信号进行分离，而且所需先验知识少，计算简单，实时性强，能够解决现代通信侦察的瓶颈难题。

雷达信号分选[170]是现代雷达侦察设备必须具备的功能，它在电子对抗和反对抗中起着重要作用。然而在现代战争中，各种雷达及精确制导武器的大量应用，使得雷达对抗侦察系统面临的信号环境日趋密集，而且信号愈加复杂多变，因此现代雷达侦察设备的信号分选任务十分艰巨且复杂，传统方法已无法胜任这方面的工作。近年来兴起的盲源分离技术却能很好地解决复杂环境背景下雷达信号分选的问题，它无须学习样本的选取，只需根据接收设备所获取的雷达辐射源信号进行处理，就可以得到原始信号的形式，即恢复出原始信号，为电子战中对抗和反对抗采取措施提供了重要的依据。孙洪等[170]提出了基于信号波形判定准则的空间四阶累积张量，在一定的噪声背景中有效地提取感兴趣的信号，且在一定程度上克服了常规分选方法对噪声敏感的缺陷。张璐航等[171]以特征矩阵联合对角化盲源分离算法为基础，利用空域－极化域的角度相位差和多脉冲域的多普勒频率相位差分离出雷达真实目标和主瓣欺骗式干扰。

1.4 研究背景

近年来，盲源分离技术已成为通信、信号与信息处理、信号检测与估计、医学信号处理以及国防军事领域等学科的热点研究课题之一，并且是数字通信技术中的关键技术。循环平稳理论是非平稳信号处理的一个重要方法，其在信号处理领域的应用是所有应用领域中最成功的。利用循环平稳理论的二阶统计量以及高阶累积量对接收信号进行盲源分离，是目前国内外的又一研究热点。

本书根据循环平稳理论，将循环统计量与传统的盲源分离算法相结合，提出了四种新的盲源分离算法。首先，分析了循环平稳度准则及其有效性，提出了基于二阶循环平稳度准则和三阶循环平稳度准则的盲源分离算法；其次，分析了矩阵论以及联合矩阵近似对角化的过程，提出了基于鲁棒白化平均矩阵对角化盲源分离算法；再次，根据奇异值分解理论，分析了联合矩阵近似对角化方法，提出了一种基于联合矩阵近似对角化方法的循环平稳盲源分离算法，并通过仿真分析了算法性能；从次，分析了自然梯度算法及其特性，采用信息论的分析方法，根据互信息量最小化准则，提出一种基于循环平稳理论的最小互信息量的盲源分离算法；最后，通过分析自然梯度算法收敛速度和稳健性之间的矛盾关系，提出一种变步长的循环平稳信号盲源分离。结果表明，新算法在性能上有一定的优势，在通信系统中消除干扰、提高通信质量有着重要作用。

本书的研究得到了国家自然科学基金面上项目（61303207）、（62076177），中央引导地方科技发展资金项目（YDZJSX2022A011），山西省国际合作项目（2012081031），山西省高校科技基金项目（20090011）和山西省青年科学基金项目（2010021017-1）、（2007021016）以及山西省留学回国人员科研资助项目（2013-032）的资助。

1.5 小 结

本章阐述了盲源分离的研究背景和研究意义，从循环平稳理论、盲源分离、基于循环平稳理论的盲源分离三个方面综述了国内外研究动态，分析了盲源分离在语音信号处理和图像信号处理、生物医学信号处理、通信信号处理、工业过程监测、金融分析和国防军事等领域的应用情况。

参考文献

[1] 张发起. 盲信号处理与应用 [M]. 西安：西安电子科技大学出版社，2006.

[2] 黄知涛，周一宇，姜文利. 循环平稳信号处理与应用 [M]. 北京：科学出版社，2006.

[3] 张贤达，保铮. 非平稳信号分析与处理 [M]. 北京：国防工业出版社，1998.

[4] Wiener N. Generalized harmonic analysis [J]. Acta Math. 1930，55（1）：1117–1258.

[5] Bennett W. R. Statistics of regenerative digital transmission [J]. Bell Syst. Tech. J.1958，37（12）：1501–1542.

[6] Gudzenko L. I. On periodic nonstationary process [J]. Radio Eng. Electron. Phys.（USSR），1959，4（6）：220–224.

[7] Gardner W. A，Franks L E. Characterization of cyclostationary random signal processes [J]. IEEE Trans Infor-mation Theory，1975，IT-21（1）：4–14.

[8] Gardner W. A. The spectral correlation theory of cyclostationary time series [J]. Signal Processing，1986，11（1）：13–36.

[9] Gardner W. A，Spectral correlation of modulated signals：part Ⅰ–analog modulation [J]. IEEE Trans. Commun，1987，COM–35（6）：595–601.

[10] Gardner W. A，Spectral corelation of modulated signals：part Ⅱ–digital modulation [J]. IEEE Trans. Commun. 1987，COM–35（6）：584–594.

[11] Gardner W. A，Degree of Cyclostationarity and their application to signal detection and estimation [J]. Signal Processing，1991，22：287–297.

[12] Gardner W. A，Chen C. K. Signal–selective time–difference–of–arrival estimation for passive location of man–made signal sources in highly corruptive environments，part Ⅰ：Theory and method [J]. IEEE Trans. Signal Processing，1992，40（5）：1168–1184.

[13] Chen C. K，Gardner W. A. Signal–selective time–difference–of–arrival estimation for passive location of man–made signal sources in highly corruptive environments，part Ⅰ：Algorithms and performance [J]. IEEE Trans. Signal Processing，1992，40（5）：1185–1197.

[14] Gardner W. A，Cyclic Wiener Filtering：theory and method [J]. IEEE Transactions on communications，1993，41（1）：151–163.

[15] Schell S. V，Gardner W. A. Cyclic MUSIC algorithms for signal–selective direction finding [C]. Proc. IC–ASSP 1989 Conf，1989，4：2278–2281.

[16] Spooner C. M，et al. Robust feature detection for signal interception [J]. IEEE Trans. Communications，1994，42（5）：2165–2173.

[17] 刘琚，梅良模，王太君，等. 网络盲源分离方法 [J]. 山东大学学报（自然科学版），1999，34（3）：298–303.

[18] Ying–Chang Liang，A. Rahim Leyman. New criteria for blind source separation using second–order cyclic statistics [J]. Circuits，Systems，and Signal Processing，2000，19（1）：43–58.

[19] Meraim K，Xiang Y，Hua Y B. Blind source separation using second order cyclostationay statistics [A]. Information，Decision and Control，IDC99. Proceedings，1999：321–326.

[20] Liang Y. C，Leyman A. R，Soong B. H. Blind source separation using second–order cyclic–statistics [J]. IEEE Signal processing workshop on Signal Processing Advances in Wireless Communications，1997：57–60.

[21] Herrmann M，Yang H. H. Perspectives and limitations of self organizing maps in blind separation of source signals [A]. Progress in Neural Information Processing Systems，1996：1211–1216.

[22] Lin J. K，Grier D. G.，Cowan J. D. Source separation and density estimation by faithful equivariant SOM [M]. In Advances in Neural Information Processing Systems. Cambridge，MA：MIT Press，1997，9.

[23] 张海燕. 基于循环平稳度和联合近似对角化的盲源分离算法研究 [D]. 太原：太原理工大学硕士学位论文，2011.

[24] Herbert Buchner，Robert Aichner. A generalization of blind source separation algorithms for convolutive mixtures based on second–order statistics[J]. IEEE Trans. on speech and audio processing，2005，13(1)：120–134.

[25] 马庆伦. 基于互信息量最小化的循环平稳信号盲源分离算法 [D]. 太原：太原理工大学硕士学位论文，2011.

[26] Tong L，Xu G，Kailath T. A new approach to blind identification and equalization of multipath channels [C]. Conference Record of the Twenty-Fifth Asilomar Conference on Signals，Systems & Computers. IEEE Computer Society，1991：856–860.

[27] 李灯熬，郭磷婕，赵菊敏．采用过采样技术的Infomax盲源分离算法 [J]．计算机工程与设计，2011，32（3）：799–802.

[28] 严富成．OFDM信号的盲解调技术研究 [M]．成都：电子科技大学博士学位论文，2019.

[29] 邱治平．面向侦察通信一体化系统的抗干扰技术研究 [M]．西安：西安电子科技大学硕士学位论文，2023.

[30] Tan Y，Wang J，Zurada J. M. Nonlinear blind source separation using a radial basis function network [J]. IEEE Trans. Neural Networks，2001，12：124–134.

[31] 赵宏钟，付强．基于循环平稳的复调频信号检测性能研究 [J]．电子学报，2004，32（6）：942–945.

[32] 赵拥军，尤亚静．一种宽带循环平稳信号波达方向估计的快速算法 [J]．系统工程与电子技术，2009，31（4）：754–756.

[33] 王海英，张群英，成文海，等．LPI雷达信号调制识别及参数估计研究进展 [J]．系统工程与电子技术，2024，46（6）：1908–1924.

[34] Lee Y T，et al. Estimating the bearing of near-field cyclostationary signals [J]. IEEE Trans Signal Processing，2002，50（1）：110–118.

[35] Lee Y T，et al. Direction-finding methods for cyclostationary signals in the presence of coherent sources [J]. IEEE Trans. Antennas and Propagation，2001，49（12）：1821–1826.

[36] Xin，et al. Linear prediction approach to direction estimation of cyclostationary signals in multipat environment [J]. IEEE Trans. Signal Processing，2001，49（4）：710–720.

[37] 周巍，张骄．基于深度学习的相干循环平稳信号波达方向估计 [J]．山西大学学报（自然科学版），2023-06-14.

[38] Herault J，Jutten C. Space or time adaptive signal processing by neural network models [A]. AIP Conf. proc，1986，151：206–211.

[39] Giannakis G B，Swami A. New results on state-space and input-output identification of non-Gaussian processing using cumulants [C]. Proc. SPIE'87，San Diego，CA，1987，826：199–205.

[40] Cardoso J F. Blind identification of independent components with higher-order statistics [C] //Higher-Order Spectral Analysis，1989. Workshop on. IEEE，1989：157–162.

[41] Comon P. Separation of stochastic processes [C]. Proceedings of Workshop on Higner Order Spectral Analysis，1989：174–179.

[42] Jutten C，Herault J. Blind separation of sources，Part Ⅰ：An adaptive algorithm based on neuromimatic architecture [J]. Signal Processing，1991，24（1）：1–10.

[43] Comon P. Blind separation of sources，Part Ⅱ：Problem statement[J]. Signal Processing，1991，24(1)：11–20.

[44] Sorouchyari E. Blind separation of sources，Part Ⅲ：Stability Analysis [J]. Signal Processing，1991，24（1）：21–29.

[45] Cardoso J. F, Souloumiac A. Blind beamforming for non Gaussian signals [C]. IEEE Proceeding F Radar and Signal Processing, 1993, 140 (6): 362–370.

[46] Comon P. Independent component analysis, a new concept [J]. Signal Processing, 1994, 36 (1): 287–314.

[47] Bell A. J, Sejnowski T. J. An information–maximization approach to blind separation and blind deconvolution [J]. Neural Computation, 1995, 7 (6): 1129–1159.

[48] Amari S. I, Cichocki A, Yang H. H. A new learning algorithm for blind signal separation [J]. Advances in Neural Information Processing Systems 8, MIT Press, Cambridge MA, 1996: 8, 757–763.

[49] Cardoso J. F, Laheld B. H. Equivariant adaptive source separation [J]. IEEE Transactions on Signal Processing, 1996, 44 (12): 3017–3030.

[50] Hyvarinen A, Oja E. A fast fixed–point algorithm for independent component analysis [J]. Neural Computation, 1997, 9 (7): 1483–1492.

[51] Hyvarinen A. Fast and robust fixed–point algorithms for independent component analysis [J]. IEEE Transactions on Neural Networks, 1999, 10 (3): 626–634.

[52] Lee T. W, Girolami M, Sejnowski T J. Independent component analysis using an extended informax algorithm for mixed subgausian and supergaussian source [J]. Neural computation, 1999, 11 (2): 409–433.

[53] Bingham E, Hyvarinen A. A fast fixed–point algorithm for independent component analysis of complex–valued signals [J]. International Journal of Neural Systems, 2000, 10 (1): 1–8.

[54] Barros A. K, Cichocki A. Extraction of specific signals with temporal structure [J]. Neural Computation, 2001, 13 (9): 1995–2003.

[55] Choi S, Cichocki A, Zhang L. Q, et al. Approximate maximum likelihood source separation using the natural gradient [C]. Proceedings of 2001 IEEE Third Workshop on Signal Processing Advances in Wireless Communications, 2001: 235–238.

[56] Abrard F, Deville Y. A time–frequency blind signal separation method applicable to underdetermined mixtures of dependent sources [J]. Signal Processing, 2005, 85 (7): 1389–1403.

[57] Honkela A, Valpola H, Llin A, et al. Blind separation of nonlinear mixtures by variational Bayesian learning [J]. Digital Signal Processing, 2007, 17 (5): 914–934.

[58] Sun T. Y, Liu C. C, Hsieh S T. Blind separation with unknown number of sources based on auto–trimmed neural network [J]. Neurocomputing, 2008, 71 (10–12): 2271–2280.

[59] Y. Xiang, S. K. Ng, V. K. Nguyen. Blind Separation of Mutually Correlated Sources Using Precoders [J]. IEEE Transactions on Neural Networks, 2010, 21 (1): 82–90.

[60] K. Diamantaras, G. Vranou, T. Papadimitriou. Multi–Input Single–Output Nonlinear Blind Separation of Binary Sources [J]. IEEE Transactions on Signal Processing, 2013, 61 (11): 2866–2873.

[61] R. Ashino, T. Mandai, A. Morimoto. Multistage blind source separations by wavelet analysis [J]. International Journal of Wavelets, Multiresolution and Information Processing, 2014, 12 (4): 1460004.

[62] Ma S, Zhang H, Miao, Z. Blind source separation for the analysis sparse model [J]. Neural Comput & Applic, 2021, 33: 8543–8553.

[63] Zhu Z, Chen X, Lv Z. Underdetermined Blind Source Separation Method Based on a Two-Stage Single-Source Point Screening [J]. Electronics, 2023, 12 (10): 2185.

[64] Le T. T, Abed-Meraim K, Ravier P, et al. Tensor decomposition meets blind source separation [J]. Signal Processing, 2024, 221: 109483.

[65] 凌燮亭. 延时狭带信号的自学习盲分离 [J]. 电子学报, 1995, 23 (1): 28-33.

[66] 凌燮亭. 近场宽带信号源的盲分离 [J]. 电子学报, 1996, 24 (7): 87-92.

[67] 汪军, 何振亚. 高阶谱的信号盲分离 [J]. 东南大学学报, 1996, 26 (5): 75-78.

[68] 汪军, 何振亚. 瞬时混叠盲信号分离 [J]. 电子学报, 1997, 25 (4): 1-5.

[69] 汪军, 何振亚. 卷积混叠盲信号分离 [J]. 电子学报, 1997, 25 (7): 7-11.

[70] 冯大政, 史维祥. 一种自适应信号盲分离和盲辨识的有效算法 [J]. 西安交通大学学报, 1998, 32 (5): 76-79.

[71] 刘琚, 鲁子奕, 何振亚. 基于信息理论准则的盲源分离方法 [J]. 应用科学学报, 1999, 17 (2): 156-161.

[72] 虞晓, 胡光锐. 基于统计估计的盲信号分离算法 [J]. 上海交通大学学报, 1999, 33 (5): 566-569.

[73] 虞晓, 胡光锐. 基于 FIR 神经网络的非线性盲信号分离 [J]. 上海交通大学学报, 1999, 33 (9): 1093-1096.

[74] 张贤达, 保铮. 盲信号分离 [J]. 电子学报, 2001, 29 (12A): 1767-1771.

[75] 刘琚, 何振亚. 盲源分离和盲反卷积 [J]. 电子学报, 2002, 30 (4): 570-576.

[76] 张华, 冯大政, 庞继勇. 卷积混叠语音信号的联合块对角化盲分离方法 [J]. 声学学报, 2009, 34 (2): 167-174.

[77] Xu X. F, Feng D. Z, Zheng W. X. Convolutive blind source separation based on joint block toeplitzation and block-inner diagonalization [J]. Signal Processing, 2010, 90 (1): 119-133.

[78] 张华, 冯大政, 庞继勇. 基于三二次优化的语音卷积盲分离方法 [J]. 电子学报, 2009, 37 (11): 2530-2534.

[79] Li Y. Q, Wang J. A network model for blind source extraction in various ill-conditioned cases [J]. Neural Networks, 2005, 18 (10): 1348-1356.

[80] Li Y. Q, Wang J, Zurada J. M. Blind Extraction of Singularly Mixed Sources Signals [J]. IEEE Transactions on Neural Networks, 2000, 11 (6): 1413-1422.

[81] Li Y. Q, Wang J, Cichocki A. Blind source extraction from convolutive mixtures in ill-conditioned multi-input mult-output channels [J]. IEEE Transactions on Circuits and Systems, 2004, 51 (9): 1814-1822.

[82] 高鹰, 谢胜利. 基于泛函连接网络和差分进化算法的后非线性混叠信号盲分离方法 [J]. 电子与信息学报, 2006, 28 (1): 50-54.

[83] 刘海林, 谢胜利. 非线性盲源分离的多目标进化算法 [J]. 系统工程与电子技术, 2005, 27 (9): 1576-1579.

[84] 何昭水, 谢胜利, 傅予力. 稀疏表示与病态混叠盲分离 [J]. 中国科学 (E 辑), 2006, 36 (8): 864-879.

[85] 陈雷，张立毅，郭艳菊，等. 基于粒子群优化的有序盲信号分离算法 [J]. 天津大学学报，2011，44（2）：174–179.

[86] 陈雷，张立毅，郭艳菊，等. 基于细菌群体趋药性的有序盲信号分离算法 [J]. 通信学报，2011，32（4）：77–85.

[87] 陈雷，甘世忠，张立毅，等. 基于样条插值与人工蜂群优化的非线性盲源分离算法 [J]. 通信学报，2017，38（7）：36–46.

[88] 付卫红，张鑫钰，刘乃安. 基于多尺度融合神经网络的同频同调制单通道盲源分离算法 [J]. 系统工程与电子技术，2024–06–04.

[89] 付卫红，周雨菲，张鑫钰，等. 基于参数估计和 Kalman 滤波的单通道盲源分离算法 [J]. 系统工程与电子技术，2024，46（8）：2850–2856.

[90] Li Dengao，Zhao Jumin，Zhang Haiyan. New BSS algorithm of four order cyclic cumulant [C]. 20101st International Conference on Pervasive Computing，Signal Processing and Applications. 2010：607–609.

[91] Zhao Jumin，Li Dengao，Zhang Haiyan. New BSS algorithm of high order DCS criteria [J]. Journal of Computational Information Systems.2010，6（2）：569–574.

[92] 郭磷婕. 基于过采样和时频分析的盲源分离算法 [D]. 太原：太原理工大学硕士学位论文，2011.

[93] 赵菊敏，李灯熬，张海燕，等. 循环累积量矩阵联合对角化盲源分离算法 [J]. 弹箭与制导学报，2011：187–192.

[94] 张云肖. 基于粒子群与离子浓度的改进粒子群盲源分离算法 [D]. 太原：太原理工大学硕士学位论文，2012.

[95] Li Dengao，Zhang Yue，Zhao Jumin. ECG Extraction Based on Negentropy–maxization FastICA Algorithm [J]. Journal of Computational Information Systems，2012，8（18）：7493–7500.

[96] 周玲燕. 盲源分离在房颤信号提取中的应用研究 [D]. 太原：太原理工大学硕士学位论文，2013.

[97] Hao Defeng，Zhao Jumin. The extraction of ventricular late potentials based on sparse component analysis[J]. Journal of Information and Computational Science. 2013，10（13）：4137–4144.

[98] Liu Hongyan，Zhao Jumin. Single Guide League Ventricular Late Potentials Extraction Basedon Signal Correlation [J]. Journal of Information and Computational Science. 2013，10（14）：4673–4680.

[99] Dedeoglu E，Bayram B，Dedeoglu B. Osborn wave in a patient with intracranial haematoma and hypothermia [J]. Hong Kong Journal of Emergency Medicine，2012，19（2）：130.

[100] 余枢 . 恶性 J 波能和良性 J 波鉴别吗 [J]. 临床心电学杂志，2011，20（3）：230–235.

[101] Li Dengao，Lv Jingang，Zhao Jumin，et al. An Effective way of J wave separation based on Multilayer NMF [J]. Computational and Mathematical Methods in Medicine，2014（1）：217067.

[102] 陈园，李灯熬，赵菊敏，等. 基于稀疏成分分析和小波包变换的心电信号去噪 [J]. 太原理工大学学报，2015（6）：4.

[103] 杨福生，洪波. 独立分量分析的原理与应用 [M]. 北京：清华大学出版社，2006.

[104] 张发启，张斌，张喜斌. 盲信号处理及应用 [M]. 西安：西安电子科技大学出版社，2006.

[105] 马建仓，牛奕龙，陈海洋. 盲信号处理 [M]. 北京：国防工业出版社，2006.

[106] 史习智. 盲信号处理 – 理论与实践 [M]. 上海：上海交通大学出版社，2008.

[107] 付卫红. 盲源分离技术原理与应用 [M]. 西安：西安电子科技大学出版社，2023.

[108] 梅铁民. 盲源分离理论与算法 [M]. 西安：西安电子科技大学出版社，2013.

[109] 黄知涛，王翔，彭耿. 欠定盲源分离理论与技术 [M]. 北京：国防工业出版社，2018.

[110] Blcskei H .Blind estimation of symbol timing and carrier frequency offset in wireless OFDM systems [J]. IEEE Transactions on Communications，2001，49：988-999.

[111] 胡学友. 盲信号分离技术及其应用研究 [D]. 合肥：合肥工业大学博士学位论文，2003.

[112] Reju V G，Koh S N，Soon I Y. Partial separation method for solving permutation problem in frequency domain blind source separation of speech signals [J]. Neurocomputing，2008，71 (10-12)：2098-2112.

[113] Smith D，Lukasiak J，Burnett I S. An analysis of the limitations of blind signal separation application with speech [J]. Signal Processing，2006，86 (2)：353-359.

[114] Kocinski J. Speech intelligibility improvement using convolutive blind source separation assisted by denoising algorithms [J]. Speech Communication，2008，50 (1)：29-37.

[115] 黄翔东，靳旭康. 基于谐波提取的欠定语音盲分离方法 [J]. 信号处理，2016，32 (11)：1369-1376.

[116] 王光艳，耿艳香，陈雷. 改进粒子群算法在水下盲语音分离中的应用研究 [J]. 应用科学学报，2018，36 (4)：589-600.

[117] 李虎，徐岩. 基于 DSKSVD 字典学习的语音信号欠定盲源分离算法 [J]. 计算机工程，2018，44 (10)：252-257.

[118] Murata N，Ikeda S，Ziehe A. An approach to blind source separation based on temporal structure of speech signals [J]. Neurocomputing，2001，41 (1-4)：1-24.

[119] 解元，张旭，邹涛，等. 结合脉冲响应重塑和期望最大化的盲信号分离 [J]. 电子学报，2023，51 (11)：3343-3353.

[120] 雷家贵，茹国宝. 基于自然梯度的语音信号盲源分离优化算法 [J]. 武汉大学学报（工学版），2024，57 (4)：528-534.

[121] Mitianoudis N，Stathaki T. Pixel-based and region-based image fusion schemes using ICA bases [J]. Information Fusion，2007，8 (2)：131-142.

[122] Lin Q. H，Yin F. L，Mei T. M，et al. A blind source separation-based method for multiple images encryption [J]. Image and Vision Computing，2008，26 (6)：788-798.

[123] Luo J. B，Boutell M. Natural scene classification using overcomplete ICA [J]. Pattern Recognition，2005，38 (10)：1507-1519.

[124] Bartlett M S，Movellan J R，Sejnowski T J. Face recognition by independent component analysis [J]. IEEE Transactions on Neural Networks，2002，13 (6)：1450-1464.

[125] Nguyen T. V，Patra J. C. A simple ICA-based digital image watermarking scheme [J]. Digital Signal Processing，2008，18 (5)：762-776.

[126] 张晨. 基于盲源分离的图像加密方法 [D]. 大连：大连交通大学硕士学位论文，2016.

[127] 王泽林，陈锴，卢晶. 车载场景结合盲源分离与多说话人状态判决的语音抽取 [J]. 声学学报，2020，45 (5)：696-706.

[128] Vigario R. N. Extraction of ocular artifacts from EEG using independent component analysis [J].

Electroen-cephalography and Clinical Neurophysiology，1997，103（3）：395-404.

[129] Vigario R. N，Jousmaki V，Hamalainen M，et al. Independent Component Analysis for identification of artifacts in Magnetoencephalographic recordings [J]. Advances in neural information processing systems，1998，10：229-235.

[130] Jahn O，Cichocki A，Ioannides A. A，et al. Identification and elimination of artifacts from MEG signals using efficient independent component analysis [C]. Proceedings of 11th International Conference on Biomagnetism，1999：224-227.

[131] Cichocki A，Cao J，Amari S. I，et al. Enhancement of Magnetoencephalographic signals using independent component analysis [C]. Proceedings of 11th International Conference on Biomagnetism，1999：169-172.

[132] Cichocki A，Karhunen J，Kasprzak W，et al. Neural networks for blind separation with unknown number of sources [J]. Neurocomputing，1999，24（1-3）：55-93.

[133] Chawla M. P. S，Verma H. K，Kumar V. A new statistical PCA-ICA algorithm for location of R-peaks in ECG [J]. International Journal of Cardiology，2008，129（1）：146-148.

[134] Subasi A，Gursoy M. I. EEG signal classification using PCA，ICA，LDA and support vector machines [J]. Expert Systems with Applications，2010，37（12）：8659-8666.

[135] Cichocki A，Shishkin S. L，T. Musha，et al. EEG filtering based on blind source separation（BSS）for early detection of Alzheimer's disease [J]. Clinical Neurophysiology，2005，116（3）：729-737.

[136] Xie Lei，Wu Jun. Global optimal ICA and its application in MEG data analysis [J]. Neurocomputing，2006，69（16）：2438-2442.

[137] Varoquaux G，Sadaghiani S，Pinel P，et al. A group model for stable multi-subject ICA on fMRI datasets [J]. NeuroImage，2010，51（1）：288-299.

[138] 陈安莹，吴海锋，李栋. 低复杂度的fMRI脑激活区定位的盲分离算法 [J]. 图学学报，2020，41（6）：947-953.

[139] Paris B. P. Finite precision decorrelating receivers for multiuser CDMA communication systems [J]. IEEE Transactions on Communications，1996，44（4）：496-507.

[140] Verdu S. Minimum probability of error for asynchronous Gaussian multi-access channels [J]. IEEE Transactions on Information Theory，1986，32（1）：85-96.

[141] Joutsensalo J，Ristaniemi T. Learning algorithms for blind multiuser detection in CDMA downlink [C]. IEEE 9th International Symposium on Personal，Indoor and Mobile Radio Communications.1998：267-270.

[142] Causey R. T，Barry H. R. Blind multiuser detection using linear prediction [J]. IEEE Journal on Selected Areas in Communications，1998，16（9）：1702-1710.

[143] Murillo-Fuentes J，Gonzàlez-Serrano F. Median equivariant adaptive separation via independence：application to communications [J]. Neurocomputing，2002，49（1-4）：389-409.

[144] 范嘉乐，方勇. DS-CDMA通信系统中基于独立分量分析的盲多用户检测 [J]. 信号处理，2004，20（4）：416-419.

[145] 付卫红，杨小牛，刘乃安. 基于盲源分离的CDMA多用户检测与伪码估计 [J]. 电子学报，

2008，36（7）：1319–1323.

[146] 付卫红，杨小牛，刘乃安，等．基于盲源分离的CDMA系统上行链路多用户检测［J］．北京邮电大学学报，2009，32（2）：111–114.

[147] Iglesia D，Dapena A，Escudero C J. Multiuser detection in mimo ofdm systems using blind source separation［C］．Proceedings of the 6th Baiona Workshop on Signal Processing in Communications，2003：41–46.

[148] Sarperi L，Nandi A. K，Zhu X. Multiuser detection and channel estimation in mimo ofdm systems via blind source separation［C］．Proceedings of the 5th International Symposium on Independent Component Analysis and Blind Signal Separation，2004：1189–1196.

[149] Sarperi L，Zhu Xu，Nandi A. K. Low–complexity ICA based blind multiple–input multiple–output OFDM receivers［J］．Neurocomputing，2006，69（13–15）：1529–1539.

[150] Li R F，Wang X Z. Dimension reduction of process dynamic trends using independent component analysis［J］．Computers and Chemical Engineering，2002，26（3）：467–473.

[151] Kano M，Hasebe S，Hashimoto I，et al. Evolution of multivariate statistical process control：independent component analysis and external analysis［J］．Computers and Chemical Engineering，2004，28（6–7）：1157–1166.

[152] Albazzaz H，Wang X. Z. Multivariate statistical batch process monitoring using dynamic independent component analysis［J］．Computer Aided Chemical Engineering，2006，21：1341–1346.

[153] 何宁，谢磊，郭明，等．基于独立成分的动态多变量过程的故障检测与诊断方法［J］．化工学报，2005，56（4）：646–652.

[154] Yoo C. K，Lee J. M，Vanrolleghem P. A，et al. On–line monitoring of batch processes using multiway independent component analysis［J］．Chemometrics and Intelligent Laboratory Systems，2004，71（2）：151–163.

[155] 肖应旺，徐保国．基于ICA–MPCA的间歇过程监测方法［J］，仪器仪表学报，2009，30（5）：990–996.

[156] 王丽，侍洪波．基于核独立元分析的间歇过程在线监控［J］．化工学报，2010，61（5）：1183–1189.

[157] 高伟，胡定玉，方宇．采用小波变换和盲源分离的电机轴承故障诊断［J］．测控技术，2017，36（5）：51–54，60.

[158] 吴金钟，艾延廷，陈英涛，等．基于盲源分离技术的航空发动机轴承故障诊断［J］．滨州学院学报，2022，38（2）：27–35.

[159] 张玉安，陆正刚，王小超．自适应GA–WAF盲源分离用于滚动轴承故障诊断［J］．机械设计与制造，2023（3）：193–197.

[160] Back A. D，Weigend A. S. A first application of independent component analysis to extracting structure from stock returns［J］．International Journal of Neural Systems，1997，8（4）：473–484.

[161] 郭崇慧，贾宏峰，张娜．基于ICA的时间序列聚类方法及其在股票数据分析中的应用［J］．运筹与管理，2008，1（5）：120–124.

[162] Lu C J. Integrating independent component analysis–based denoising scheme with neural network for stock

price prediction [J]. Expert Systems with Applications，2010，37（10）：7056–7064.

[163] 郭仁丽. 结合ICA和GARCH模型的股票风险价值研究 [D]. 西安：西安理工大学硕士学位论文，2024.

[164] 孙凌宇，罗静，屈金佑. 混叠敌我识别信号分离算法研究 [J]. 无线电工程. 2011，41（1）：18–21.

[165] 刘小秋，薛磊，许士敏. 盲源分离技术在通信侦察系统中的应用 [J]. 系统工程与电子技术，2006，28（11）：1672–1674.

[166] Lu Mingquan，Xiao Xianci. Source separation based modulation recognition of cochannel signals [C]. IC–CT'98，Beijing，1998：22–24.

[167] 许士敏，陈鹏举. 频谱混叠通信信号分离方法 [J]. 航天电子对抗，2004（5）：53–55.

[168] 付卫红，杨小牛，刘乃安，等. 基于密度估计盲分离的通信信号盲侦察技术 [J]. 华中科技大学学报，2006，34（10）：24–27.

[169] 顾军，胡显丹. 基于FastICA算法的敌我识别信号分选方法研究 [J]. 舰船电子对抗，2009（10）：19–22.

[170] 孙洪，安黄彬. 一种基于盲源分离的雷达信号分选方法 [J]. 现代雷达，2006，28（3）：47–50.

[171] 张璐航，王峰. 基于盲源分离的多域联合抗主瓣欺骗式干扰 [J]. 中国电子科学研究院学报，2023，18（6）：489–494.

第 2 章

基于循环平稳理论的盲源分离

2.1　线性混合盲源分离模型

一般情况下，源信号与阵列传感器（传输通道）之间存在着一定的关系，这种关系可以通过建立数学模型来表示，但是有时这种数学模型很难建立起来，这时盲源分离就成了一种比较适合的选择。当传输的先验知识无法获取时，一般也会选择盲源分离来处理。

根据源信号的不同混合方式，盲源分离问题可分为线性混合模型（线性瞬时混合模型、线性卷积混合模型）和非线性混合模型。线性混合是一种最简单的混合方式，是一种简化模型，能够帮助我们更深入地了解盲源分离技术的本质及核心问题，通过对线性混合模型的研究，为研究非线性混合盲源分离奠定基础。

2.1.1　数学模型

盲源分离的原理框图如图 2–1 所示。

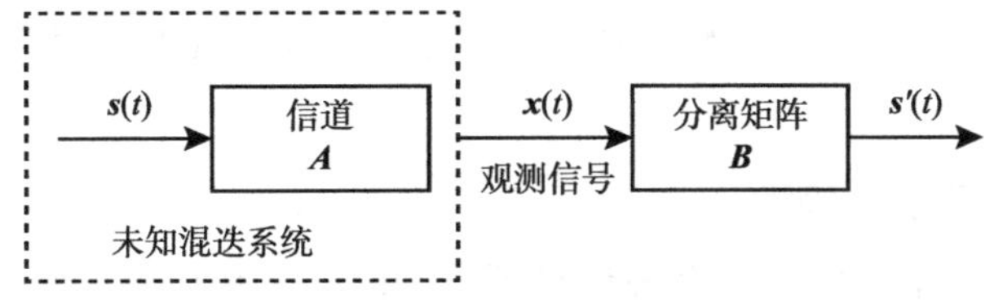

图 2–1　盲源分离的原理框图

其中 $\boldsymbol{A}$ 为混合矩阵，盲源分离就是根据观测到的混合信号 $\boldsymbol{x}(t)$，使其通过某一分离矩阵$\boldsymbol{B}$，达到分离各个源信号的目的，分离后的信号矢量$\boldsymbol{s}'(t)$与源信号矢量$\boldsymbol{s}(t)$相比，通常幅度与顺序会发生改变，但对分离效果没有影响。

在线性混合盲源分离中，观测信号由一组传感器采集得到，其中每一个传感器接收到的信号是来自不同信号源信号的混合。设来自N个信号源的统计独立信号矢量为$\boldsymbol{s}(t)=[\boldsymbol{s}_1(t),\boldsymbol{s}_2(t),\cdots,\boldsymbol{s}_N(t)]^T$，通过传感器得到的$M$个观测信号矢量为$\boldsymbol{x}(t)=\left[\boldsymbol{x}_1(t),\boldsymbol{x}_2(t),\cdots,\boldsymbol{x}_M(t)\right]^T$，则线性混合盲分离的数学模型可表示为

$$\boldsymbol{x}(t)=\boldsymbol{A}\boldsymbol{s}(t) \tag{2-1}$$

式中，$\boldsymbol{A}$为$M\times N$维的混合矩阵，且满秩可逆。

一般情况下$N=M$，即源信号数量等于观测信号数量，此时为适定（well-determined）混合盲源分离；当$N>M$时，即源信号数量大于观测信号数量，此时为欠定（underdetermined）混合盲源分离；当$N<M$时，即源信号数量小于观测信号数量，此时为超定（overdetermined）混合盲源分离。

从源信号的混合方式上划分，盲源分离可分为线性瞬时混合、线性卷积混合、非线性混合等方式，以下分别对上述三种模型做一简单介绍。

1. 线性瞬时混合模型

N个源信号经过线性瞬时混合后，每个观测信号就是这N个信号的线性组合，则观测信号可以表示为

$$\boldsymbol{x}_j(t)=\sum_{i=1}^{N}a_{ji}\boldsymbol{s}_i(t), j=1,2,3,\cdots,M \tag{2-2}$$

其中，a_{ji}是线性组合的系数。

或

$$\boldsymbol{x}(t)=\boldsymbol{A}\boldsymbol{s}(t) \tag{2-3}$$

上式为不考虑加性高斯白噪声$\boldsymbol{n}(t)$对传输信道和传感器阵列的影响，今后线性瞬时混合情况下，如无特殊说明，我们只讨论式（2-3）描述的不包含噪声影响的模型。

2. 线性卷积混合模型

在实际系统中，由于每个源信号不会同时到达传感器，每个传感器对不同的源信号延时不同，延时值取决于源信号与传感器之间的相对位置和信号的传播速度等，而且源信号是经过多径传播到达传感器的，我们假设信号是线性

组合的，则观测信号就是源信号各延时值的线性组合，即观测信号为系统源信号的卷积和，则称此为线性卷积混合模型，这种模型比较接近于实际。

假设N个源信号$\boldsymbol{s}_i(t)$经过卷积混合后被传感器接收，混合信号是$\boldsymbol{x}_j(t)$，则线性卷积混合可以表示为

$$\boldsymbol{x}_j(t)=\sum_{i=1}^{N}a_{ji}*\boldsymbol{s}_i(t)=\sum_{i=1}^{N}\sum_{\tau=-\infty}^{+\infty}a_{ji}(\tau)\boldsymbol{s}_i(t-\tau) \tag{2-4}$$

式（2–4）还可以写为

$$\boldsymbol{x}(t)=\sum_{\tau=-\infty}^{\infty}\boldsymbol{A}_\tau\boldsymbol{s}(t-\tau) \tag{2-5}$$

其中，$\boldsymbol{A}$为混合滤波器，当$\tau=0$时，该模型就转化为瞬时混合数学模型，线性卷积混合盲源分离就是为了寻找一个分离滤波器$\boldsymbol{B}$来求得源信号$\boldsymbol{s}(t)$的估计，其表达式为

$$\boldsymbol{s}'(t)=\sum_{t=-\infty}^{+\infty}\boldsymbol{Bx}(t-\tau) \tag{2-6}$$

式中，$\boldsymbol{s}'(t)=[\boldsymbol{s}_1(t),\boldsymbol{s}_2(t),\cdots,\boldsymbol{s}_{\mathrm{N}}(t)]^T$为$N$维列向量，$\boldsymbol{B}$为$N\times M$维系数矩阵。在$Z$变换域中系统的输入可表示为

$$\boldsymbol{X}(Z)=\boldsymbol{A}(Z)\boldsymbol{S}(Z) \tag{2-7}$$

输出为

$$\boldsymbol{S}'(Z)=\boldsymbol{B}(Z)\boldsymbol{X}(Z)=\boldsymbol{B}(Z)\boldsymbol{A}(Z)\boldsymbol{S}(Z)=\boldsymbol{G}(Z)\boldsymbol{S}(Z) \tag{2-8}$$

其中

$$\boldsymbol{A}(Z)=\sum_{p=-\infty}^{\infty}\boldsymbol{A}_p z^{-p} \tag{2-9}$$

$$\boldsymbol{B}(Z)=\sum_{p=-\infty}^{\infty}\boldsymbol{B}_p z^{-p} \tag{2-10}$$

$$\boldsymbol{G}(Z)=\boldsymbol{B}(Z)\boldsymbol{A}(Z) \tag{2-11}$$

当$s'(t)$为$s(t)$的估计时

$$\boldsymbol{G}(Z)=\boldsymbol{PD}(Z) \tag{2-12}$$

上式中，$\boldsymbol{P}$为任意置换矩阵，$\boldsymbol{D}(Z)$为非奇异对角矩阵。

线性卷积混合模型的盲源分离具有幅度和顺序的模糊性，而且分离信号

还可能与源信号相比存在时延，即时延的模糊性。

3. 非线性混合模型

实际环境情况下，观测到的混合信号大多的是通过非线性混合得到的。然而，要解决非线性混合模型下的盲源分离问题通常是很困难的，需要获得额外的先验信息或者加以适当的约束。可以说，非线性模型就是线性模型的一个推广。

$$\boldsymbol{x}(t) = f\left[\boldsymbol{s}(t)\right] + \boldsymbol{n}(t) \tag{2-13}$$

式中，$\boldsymbol{x}(t)$ 是 M 维的观测信号矢量；$\boldsymbol{s}(t)$ 是 N 维的未知源信号矢量；$\boldsymbol{n}(t)$ 是 M 维加性噪声，并且它与源信号统计独立；$f: \mathrm{R}^N \to \mathrm{R}^M$ 为未知的可逆实值非线性函数。

恢复源信号的盲分离算法可以归纳为两类：一类是通过计算得到原混合矩阵的逆矩阵，将全部源信号同时分离出来；另一类则是按照一定次序把各独立源信号逐次分离出来，每分离出一个源信号，就把该源信号从混合信号中去除掉，然后对剩下的数据进行下一轮提取分离，直到所有（或所需）的源信号都被分离出来为止。

对于第一类算法，求解盲源分离的关键是要找到分离矩阵 $\boldsymbol{B}$，使得

$$\boldsymbol{s}'(t) = \boldsymbol{BAs}(t) \tag{2-14}$$

其中，$\boldsymbol{s}'(t)$ 为源信号 $\boldsymbol{s}'(t)$ 的估计信号，$\boldsymbol{s}'(t) = \left[\boldsymbol{s}_1'(t), \boldsymbol{s}_2'(t), \cdots, \boldsymbol{s}_N'(t)\right]^T$。

对于第二类逐次分离算法，其数学模型可描述为

$$\boldsymbol{s}_i'(t) = \boldsymbol{b}_i \boldsymbol{x}(t) \tag{2-15}$$

式中，$\boldsymbol{b}_i$ 为第 i 次分离行向量，$\boldsymbol{s}_i'(t)$ 为第 i 次分离出的单路源信号的估计。算法原理就是通过调节分离向量 $\boldsymbol{b}_i$，使得每次分离出来的信号与某一源信号的波形保持一致，即

$$\boldsymbol{s}_i'(t) = \boldsymbol{b}_i \boldsymbol{x}(t) = \boldsymbol{b}_i \boldsymbol{As}(t) \tag{2-16}$$

式中，$i = 1, 2, \cdots, N$。

2.1.2 假设条件与不确定性

如果不加任何限定条件，仅由观测信号 $\boldsymbol{x}(t) = \left[\boldsymbol{x}_1(t), \boldsymbol{x}_2(t), \cdots, \boldsymbol{x}_M(t)\right]^T$ 求解 $\boldsymbol{s}(t)$，则盲源分离会有多解。因为很多组源信号 $\boldsymbol{s}(t)$ 和混合矩阵 $\boldsymbol{A}$ 的组合都可

以得到相同的观测信号 $\boldsymbol{x}(t)$。因此对于一般的盲源分离均是在一些相关假设条件之下进行研究的。其原理框图如图 2–2 所示。

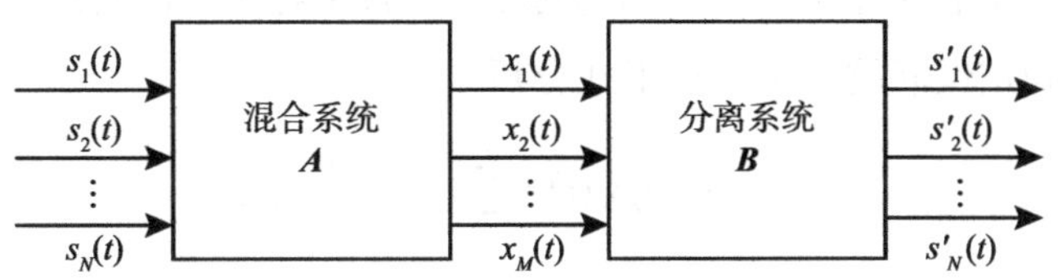

图2–2　盲源分离模型的原理框图

1）源信号 $\boldsymbol{s}(t)=[\boldsymbol{s}_1(t),\boldsymbol{s}_2(t),\cdots,\boldsymbol{s}_N(t)]^T$ 为零均值平稳随机信号矢量，其联合概率密度函数 $p\left[\boldsymbol{s}(t)\right]$ 等于 $\boldsymbol{s}(t)$ 各分量边缘概率密度函数之积，即各分量相互之间统计独立。

$$p\left(\boldsymbol{s}(t)\right)=\prod_{i=1}^{N}p\left[\boldsymbol{s}_i(t)\right] \tag{2-17}$$

2）混合矩阵 $\boldsymbol{A}$ 列满秩可逆。

3）源信号中至多仅有一路为高斯分布信号。

4）混合过程不含噪声或噪声可忽略。

在上述假设前提下，盲源分离是可解的，但一般情况下解也并非唯一。因为根据上述假设求解出来的分离信号并不能保证与源信号完全相同，分离信号和源信号之间仍然会存在幅度、符号和顺序上的差异。这是由于源信号和传输信道的先验知识均未知，盲源分离存在着分离后信号顺序排列和幅度的不确定性或模糊性，但波形依然保持不变。在实际的应用中，我们往往关心的不是信号的排列和幅度，而是信号的波形，所以对于盲源分离结果的不确定性并不影响我们在实际中的应用。以下是盲源分离算法一般情况下所存在的不确定性。

1）幅度不确定性：分离信号和源信号之间存在幅度上的等比例放大与缩小。

2）符号不确定性：分离信号有可能是源信号的反相信号。

3）分离顺序不确定性：无法了解所恢复的各个信号成分对应于源信号的哪个成分，即多路分离信号的排列顺序有可能与多路源信号的原始排列顺序不一致。

分离信号$s'(t)$只是源信号$s(t)$的估计值，且存在一定的不确定性（模糊性）。主要包括分离信号幅值和排列顺序的不确定性，即不能确定幅值的尺度参数和分离出的各个信号分量$s_i'(t)$与源信号$s(t)$中各分量的对应关系。为了清楚地解释不确定性问题，可通过下式分析

$$x_j(t)=\sum_{i=1}^{N}a_{ji}s_i(t)=\sum_{i=1}^{N}\left(ca_{ji}\right)\left(\frac{1}{c}s_i(t)\right) \quad (2\text{-}18)$$

由上式可知，不论c取何值，$x_j(t)$都保持不变，即盲源分离存在幅值不确定性。为了消除幅值的不确定性，可以假设源信号具有单位方差，或者对信号进行白化预处理，但此时存在正负符号的不确定性。在实际的应用过程中，信号的主要信息都包含在波形中且分离出的信号可以依据工程背景和先验知识确定具体的信号源，因此，可以接收两种不确定性。

尽管盲分离算法的分离结果可能会存在上述不确定性，但是信号幅度的等比例缩放、信号的反相以及排列顺序的差异一般情况下并不会影响对信号的分析以及问题的解决。

2.1.3 盲源分离前期预处理

在采用盲源分离算法对观测信号进行分离前，一般要对观测信号进行预处理操作。因为预处理可以使得数据在进行工程运算时复杂度大大简化，所以得到的结果也更加精确。预处理操作一般包括去均值和白化过程。

1. 去均值

由于盲源分离算法大多是以源信号为零均值随机变量为假设条件的，这个假设的优点在于它很大程度上简化了盲源分离算法，所以在对混合信号进行盲分离之前需要消除信号的均值。即在分离过程中将实际观测信号x_j使用$\bar{x}_j=x_j(t)-E(x_j)$来代替。由于实际观测数据为有限长样本，所以在去均值过程中使用样本的算术平均值来代替数学期望。即去均值公式为

$$\bar{x}_j(t)=x_j(t)-\frac{1}{T}\sum_{j=1}^{T}x_j(t) \quad (2\text{-}19)$$

其中，T为每路观测信号的样本数。

2. 白化

“白化”的目的是简化盲源分离的求解。进行盲源分离前，针对M维观测

信号$\boldsymbol{x}$找到一个白化矩阵$\boldsymbol{Q}$，令

$$\tilde{\boldsymbol{x}} = \boldsymbol{Q}\boldsymbol{x} = \boldsymbol{Q}\boldsymbol{A}\boldsymbol{s} = \boldsymbol{U}\boldsymbol{s} \tag{2-20}$$

使得白化后的观测信号$\tilde{\boldsymbol{x}}$满足$E[\tilde{\boldsymbol{x}}\tilde{\boldsymbol{x}}^T]$为单位阵，即$E[\tilde{\boldsymbol{x}}\tilde{\boldsymbol{x}}^T] = \boldsymbol{I}$。

对观测信号进行白化操作的目的是去除各个观测信号之间的相关性，但并不能仅仅通过白化过程来实现信号的分离。因为一般的盲源分离的判据是独立性，即通过分离矩阵$\boldsymbol{B}$分离出的信号$\boldsymbol{s}'(t) = \left[\boldsymbol{s}_1'(t), \boldsymbol{s}_2'(t), \cdots, \boldsymbol{s}_N'(t)\right]^T$的各分量之间应该是统计独立的。而不相关并不能作为实现分离的判据，因为独立性是比不相关性更强的一种性质：如果一组随机向量是相互独立的，那么它们一定是不相关的，而反之并不成立。

白化是盲源分离过程的一个重要预处理操作，由下式可以看出

$$\begin{aligned} E\left[\tilde{\boldsymbol{x}}\tilde{\boldsymbol{x}}^T\right] &= E\left[(\boldsymbol{Q}\boldsymbol{x})(\boldsymbol{Q}\boldsymbol{x})^T\right] = E\left[(\boldsymbol{Q}\boldsymbol{A}\boldsymbol{s})(\boldsymbol{Q}\boldsymbol{A}\boldsymbol{s})^T\right] \\ &= E\left[(\boldsymbol{U}\boldsymbol{s})(\boldsymbol{U}\boldsymbol{s})^T\right] = \boldsymbol{U}E\left[\boldsymbol{s}\boldsymbol{s}^T\right]\boldsymbol{U}^T = \boldsymbol{I} \end{aligned} \tag{2-21}$$

矩阵$\boldsymbol{U}$为正交矩阵，可以认为白化后的信号$\tilde{\boldsymbol{x}}$是源信号经由正交矩阵$\boldsymbol{U}$混合而得到的观测信号，因而可以针对$\tilde{\boldsymbol{x}}$把对混合矩阵$\boldsymbol{A}$的搜索限制在正交矩阵的范围内，使得需要估计的参数项相对于矩阵$\boldsymbol{A}$大大减少，以降低分离难度。因此，预白化操作的关键就是构造白化矩阵$\boldsymbol{Q}$。其简便可行的方法可以采用特征值分解的方法，即设观测到的混合信号矢量$\boldsymbol{x}$的协方差矩阵为$\boldsymbol{C}_{\boldsymbol{x}} = E[\tilde{\boldsymbol{x}}\tilde{\boldsymbol{x}}^T]$，对矩阵$\boldsymbol{C}_{\boldsymbol{x}}$进行特征值分解，令$\boldsymbol{E}$为以$\boldsymbol{C}_{\boldsymbol{x}}$的单位范数特征向量为列的矩阵，矩阵$\boldsymbol{D} = \mathrm{diag}(\lambda_1, \lambda_2, \cdots, \lambda_n)$为对角矩阵，其对角元素为矩阵$\boldsymbol{C}_{\boldsymbol{x}}$的特征值。则白化矩阵可表示为

$$\boldsymbol{Q} = \boldsymbol{D}^{-1/2}\boldsymbol{E}^T \tag{2-22}$$

由于在实际应用中，几乎所有自然数据都是正定的，所以矩阵$\boldsymbol{C}_{\boldsymbol{x}}$的特征值均为正值，因而能够保证白化矩阵$\boldsymbol{Q}$必然存在。

2.2 盲源分离的独立性判据及常用算法

对于盲源分离，源信号之间的统计独立性往往是最基本的假设条件。大部分已有盲源分离算法也是将信号的统计独立性作为解决问题的重要假设和研究基础。

在以信号统计独立性为基础、解决线性混合信号盲源分离问题时，其分离算法主要包括两部分：

1）选择用于度量分离信号独立性的判据，然后确定盲源分离的目标函数。

2）利用某种方法对目标函数进行优化，从而得到使分离信号独立性最强的分离矩阵或分离向量。

目前常用的独立性判据主要包括最小互信息判据、极大似然判据、最大化峭度判据和最大化负熵判据等。

2.2.1 独立判据

1. 最小互信息判据

盲源分离的目的是使分离信号各分量尽可能相互独立，而 Kullback-Leibler 散度（简称 KL 散度）与信息熵表示的互信息量相当，是统计独立性的参数，所以用 KL 散度或互信息作为度量参数。

KL 散度可以衡量两个概率密度函数的相似程度。设$p(\boldsymbol{s'}_1)$和$p(\boldsymbol{s'}_2)$是两个随机变量的概率密度函数，则它们的 KL 散度定义为

$$\mathrm{KL}[p(\boldsymbol{s}_1')\,|\,p(\boldsymbol{s}_2')]=\int p(\boldsymbol{s}_1')\lg\frac{p(\boldsymbol{s}_1')}{p(\boldsymbol{s}_2')}d\boldsymbol{s}' \tag{2-23}$$

对于多变量情况，设$p(\boldsymbol{s}')$和$p\left(\boldsymbol{s}_i'\right),i=1,\cdots,N$是随机变量的概率密度函数，则其 KL 散度定义为

$$\mathrm{KL}[p(\boldsymbol{s}')\,|\prod_{i=1}^{N}p\left(\boldsymbol{s}_i'\right)]=\int p(\boldsymbol{s}')\lg\frac{p(\boldsymbol{s}')}{\prod_{i=1}^{n}p\left(\boldsymbol{s}_i'\right)}d\boldsymbol{s}' \tag{2-24}$$

KL 散度具有按比例缩放不变性。当随机变量$\boldsymbol{s}'$发生等比例缩放变化时，它的 KL 散度值不会发生变化。即

$$\begin{aligned}\mathrm{KL}[p(k\boldsymbol{s}_1'),p(k\boldsymbol{s}_2')]&=\int p(k\boldsymbol{s}_1')\lg\frac{p(k\boldsymbol{s}_1')}{p(k\boldsymbol{s}_2')}d(k\boldsymbol{s}')\\&=\int\frac{p(\boldsymbol{s}_1')}{k}\lg\frac{\frac{p(\boldsymbol{s}_1')}{k}}{\frac{p(\boldsymbol{s}_2')}{k}}kd\boldsymbol{s}'\\&=\int p(\mathrm{s}')\lg\frac{p(\boldsymbol{s}')}{q(\boldsymbol{s}')}d\boldsymbol{s}'\end{aligned} \tag{2-25}$$

KL 散度的值总是非负的，因而可以看作是概率密度函数$p(s'_1)$和$p(s'_2)$之间一种距离性的度量。当$p(s'_1)=p(s'_2)$时，其 KL 散度的值为 0；否则，$p(s'_1)$和$p(s'_2)$的相似度越差，其 KL 散度的值越大。

在盲源分离中，KL 散度可以用来度量随机向量的各分量之间的独立性[1, 2]。令$p(\boldsymbol{s}')$为随机向量$\boldsymbol{s}'=[s'_1,s'_2,\cdots,s'_N]$的联合概率密度函数，当$\boldsymbol{s}'$的各分量之间相互独立时

$$p(\boldsymbol{s}')=\prod_{i=1}^{N}p(s'_i) \tag{2-26}$$

根据 KL 散度的定义，$p(\boldsymbol{s}')$和$\prod_{i=1}^{N}p(s'_i)$的 KL 散度为

$$\mathrm{KL}\left[p(\boldsymbol{s}'),\prod_{i=1}^{N}p(s'_i)\right]=\int p(\boldsymbol{s}')\lg\frac{p(\boldsymbol{s}')}{\prod_{i=1}^{N}p(s'_i)}d\boldsymbol{s}' \tag{2-27}$$

$\mathrm{KL}\left[p(\boldsymbol{s}'),\prod_{i=1}^{N}p(s'_i)\right]$称为互信息（mutual information），一般用$I(\boldsymbol{s}')=I(s'_1,s'_2,\cdots,s'_N)$表示[2, 3]。当$\boldsymbol{s}'$的各分量相互独立时，其互信息值$I(\boldsymbol{s}')=0$；$\boldsymbol{s}'$的各分量之间的独立性越差，$I(\boldsymbol{s}')$的值越大。因此，可以用互信息$I(\boldsymbol{s}')$作为盲源分离的独立性判据来衡量分离算法所分离出的信号之间的独立程度。

2. 极大似然判据

极大似然估计[2, 4, 5]是一种用以估计信号独立性的统计估计方法。其基本思想是找到分离矩阵$\boldsymbol{B}$，使得分离出的信号的概率密度函数在 KL 散度距离的意义上尽量接近于源信号的概率密度函数。设分离矩阵为$\boldsymbol{B}$，分离过程为$\boldsymbol{s}'=\boldsymbol{B}\boldsymbol{x}$。在$\boldsymbol{s}'$的各分量独立的情况下，对于某一分离矩阵$\boldsymbol{B}$，$\boldsymbol{x}$的对数似然函数为

$$\lg p(\boldsymbol{x}\mid\boldsymbol{B})=\lg|\boldsymbol{B}|+\sum_{i=1}^{N}\lg p(s'_i) \tag{2-28}$$

上式是针对$\boldsymbol{x}$在一个观测时刻的情况，如果针对$\boldsymbol{x}$在T个观测时刻的观测值，分别用$\boldsymbol{x}(1)$，$\boldsymbol{x}(2)$，⋯，$\boldsymbol{x}(T)$表示。计算式（2-28）的平均值，令

$$\begin{aligned}L(\boldsymbol{B})&=\frac{1}{T}\sum_{t=1}^{T}\lg p(\boldsymbol{x}\mid\boldsymbol{B})\\&=\frac{1}{T}\sum_{t=1}^{T}\sum_{i=1}^{N}\lg p\left[\sum_{j=1}^{N}b_{ij}x_j(t)\right]+\lg|\boldsymbol{B}|\end{aligned} \tag{2-29}$$

其中，b_{ij}是矩阵$\boldsymbol{B}$的第i行、第j列上的元素。基于极大似然理论的盲分离过程就是找到使$L(\boldsymbol{B})$最大化的分离矩阵$\boldsymbol{B}$。

为了能够计算出极大似然估计，需要通过自然梯度算法等数值计算方法来实现。

3. 最大化峭度判据

非高斯性是判断信号独立性的重要标准，而四阶累积量作为非高斯性度量的量化指标，峭度是随机变量的四阶累积量的另一种叫法，在盲源分离的求解中具有非常重要的作用。

对于零均值随机变量$\boldsymbol{s}'$的峭度$k_4(\boldsymbol{s}')$可以表示为[1，6]

$$k_4(\boldsymbol{s}') = E\left[\boldsymbol{s}'^4\right] - 3E^2\left[\boldsymbol{s}'^2\right] \tag{2-30}$$

信号的峭度可正可负，可为零。峭度为正值时称为超高斯（supergaussian）信号、负值时称为亚高斯（subgaussian）信号、零值时称为高斯（gaussian）信号。峭度由于其在理论和实际计算中的简单性，已在多种盲源分离算法中得到广泛应用。

对于单一类型源信号混合的盲信号分离，可通过寻求观测信号$\boldsymbol{x}$的一个线性组合$\boldsymbol{b}_i\boldsymbol{x}$，使其峭度最大化（超高斯信号）或最小化（亚高斯信号）来分离独立分量；而对于源信号中同时包含超高斯和亚高斯信号的盲分离，可以使用峭度的绝对值作为目标函数，进而通过学习算法找到使目标函数最大化的分离向量$\boldsymbol{b}_i$来实现源信号的分离。

4. 最大化负熵判据

熵是信息论中的基本概念，变量的随机性越强，熵就越大。负熵也是信号非高斯性的很好度量[1，2]。

对于随机变量$\boldsymbol{s}'$，负熵（negentropy）可以表示为

$$\begin{aligned} J(s') &= \mathrm{KL}\left[p(\boldsymbol{s}'), p_G(\boldsymbol{s}')\right] = \int p(\boldsymbol{s}')\lg\frac{p(\boldsymbol{s}')}{p_G(\boldsymbol{s}')}dx \\ &= H(\boldsymbol{s}'_G) - H(\boldsymbol{s}') \end{aligned} \tag{2-31}$$

其中，$H(\boldsymbol{s}')$为随机变量$\boldsymbol{s}'$的微分熵，定义为

$$H(\boldsymbol{s}') = -\int p(\boldsymbol{s}')\lg p(\boldsymbol{s}')d\boldsymbol{s}' \tag{2-32}$$

对于随机向量$\boldsymbol{s}' = [\boldsymbol{s}'_1, \boldsymbol{s}'_2, \cdots, \boldsymbol{s}'_N]$，负熵则表示为

$$J(\boldsymbol{s}')=\mathrm{KL}\left[p(\boldsymbol{s}'),p(\boldsymbol{s}'_G)\right]=H(\boldsymbol{s}'_G)-H(\boldsymbol{s}') \tag{2-33}$$

其中，$\boldsymbol{s}'_G$是与$\boldsymbol{s}'$有相同协方差矩阵的高斯随机向量。$H(\boldsymbol{s}')$和$H(\boldsymbol{s}'_G)$分别为随机向量$\boldsymbol{s}'$和$\boldsymbol{s}'_G$各自的联合熵

$$H(\boldsymbol{s}')=\frac{1}{2}\lg|\Sigma|+\frac{N}{2}[1+\lg 2\pi] \tag{2-34}$$

$\boldsymbol{s}'_G$的熵可以由下式得到

$$H(\boldsymbol{s}'_G)=\frac{1}{2}\lg|\Sigma|+\frac{N}{2}[1+\lg 2\pi] \tag{2-35}$$

其中，Σ为$\boldsymbol{s}'_G$的协方差矩阵。

负熵的值是大于等于 0 的，只有高斯信号的负熵值为 0。由于负熵具有严密的统计理论背景，因此适于进行信号非高斯性的度量，但在实际应用中直接计算负熵又比较困难。因为需要通过大量的观测数据来估计随机变量的概率密度函数，而实际的盲源分离中仅能得到有限个观测数据，且概率密度函数的计算往往又比较复杂。因此，在采用负熵作为独立性判据求解信号的盲分离时，负熵值一般是通过近似计算来得到的。

一种常用的近似计算方法是通过埃奇沃斯级（Edgeworth）或 Gram-Charlier 级数展开的方法来逼近原始公式[7]。如经过展开后

$$J(\boldsymbol{s}')\approx\frac{1}{48}\left[4k_3^2(\boldsymbol{s}')+k_4^2(\boldsymbol{s}')-2k_3^4(\boldsymbol{s}')-18k_3^2(\boldsymbol{s}')k_4(\boldsymbol{s}')\right] \tag{2-36}$$

忽略后两项，可以得到

$$J(\boldsymbol{s}')\approx\frac{1}{48}\left[4k_3^2(\boldsymbol{s}')+k_4^2(\boldsymbol{s}')\right]\approx\frac{1}{12}k_3^2(\boldsymbol{s}')+\frac{1}{48}k_4^2(\boldsymbol{s}') \tag{2-37}$$

可见，通过对负熵进行近似展开逼近，其计算可以转化为对信号四阶累积量和三阶累积量的计算，而无须估计信号的概率密度函数。

另一种方法是将负熵由非多项式函数进行逼近[8]。当$p(\boldsymbol{s}')$接近标准高斯概率密度分布时，$p(\boldsymbol{s}')$可以由非多项式函数$G_\mathrm{i}(\boldsymbol{s}')$的加权和近似表示

$$p(\boldsymbol{s}')=p_G(\boldsymbol{s}')\left[1+\sum_{i=1}^{N}c_iG_\mathrm{i}(\boldsymbol{s}')\right] \tag{2-38}$$

其中，$G_\mathrm{i}(\boldsymbol{s}')$的选择要满足正交归一性原则。因此，负熵可表示为

$$\begin{aligned} J(\boldsymbol{s}') = H_G(\boldsymbol{s}') - H(\boldsymbol{s}') &= \frac{1}{2}E\left[\left(\sum_{i=1}^{N} c_i G_{\mathrm{i}}(\boldsymbol{s}')\right)^2\right] \\ &= \frac{1}{2}\sum_{i=1}^{N} E\left\{\left[G_i(\boldsymbol{s}')\right]^2\right\} \end{aligned} \tag{2-39}$$

通过选择满足条件的$G_{\mathrm{i}}(\boldsymbol{s}')$，再分别求出$\left[G_{\mathrm{i}}(\boldsymbol{s}')\right]^2$的统计平均值即可得到$J(\boldsymbol{s}')$的近似估计。在使用非多项式函数逼近负熵时，通常使用两个非多项式函数，如奇函数$G_{\mathrm{i}}(\boldsymbol{s}')$和偶函数$\left[G_{\mathrm{i}}(\boldsymbol{s}')\right]^2$，则$J(\boldsymbol{s}')$的近似估计可表示为

$$J(\boldsymbol{s}') \approx k_1\left\{E\left[G_1\left(\boldsymbol{s}'\right)\right]\right\}^2 + k_2\left\{E\left[G_2\left(\boldsymbol{s}'\right)\right] - E\left[G_2\left(v\right)\right]\right\}^2 \tag{2-40}$$

其中，k_1、k_2为正常数，v是标准化的高斯随机变量。

通过合理选择非多项式函数$G(\boldsymbol{s}')$，可以得到比采用级数展开方法更好的近似表示。当选择函数值随自变量增长不快的函数$G(\boldsymbol{s}')$时，就能得到鲁棒性较好的负熵估计。

2.2.2 盲源分离算法

在盲源分离算法中，当目标函数确定后，就需要采用不同的优化算法进行目标函数的寻优，从而实现信号的分离。因此，将不同的目标函数与不同优化算法有机结合，就会得到多种不同的盲源分离算法。盲源分离的寻优算法主要可以分为以下几种。

1）在线算法：它是一种实时的方法。在线盲信号分离通常有三种技术：熵最大化法、非线性主分量分析法以及独立分量分析法（ICA）。其中，独立分量分析是最常用的盲源分离算法，并由它引申出许多有效的算法，如自然梯度算法、EASI 算法、广义 ICA 算法、灵活算法 ICA 算法和迭代求逆算法等，但是这些算法都存在自适应算法的收敛速度问题。

2）离线算法：本类算法不具有实时性。首先对接收数据进行批处理，比如在空间域或者时域、频域或者时频域内将接收数据分类，再对每一类数据局部地进行线性独立分量分析。离线算法的收敛速度快，但不能适应实时应用的需要，而且随着源信号的个数增加，分离效果会明显变差。

下面对几种经典的盲源分离算法进行介绍。

1. 梯度算法

梯度算法作为一种常规优化方法经常用于对盲源分离的目标函数进行优化求解，以找到目标函数的极值点，进而分离出源信号。

当采用互信息作为分离判据时，盲源分离的目标函数为

$$I(\boldsymbol{s}',\boldsymbol{B}) = -H(\boldsymbol{s}',\boldsymbol{B}) + \sum_{i=1}^{N} H(\boldsymbol{s}_i',\boldsymbol{B}) \tag{2-41}$$

采用梯度法进行目标函数的优化，其调节规律为

$$\Delta\boldsymbol{B} = -\eta \frac{\partial I(\boldsymbol{s}',\boldsymbol{B})}{\partial \boldsymbol{B}} \tag{2-42}$$

为克服$I(\boldsymbol{s}',\boldsymbol{B})$中所涉及的概率密度函数计算困难的问题，对$I(\boldsymbol{s}',\boldsymbol{B})$进行高阶累积量的近似展开，得

$$\begin{aligned} I(\boldsymbol{s}',\boldsymbol{B}) &= -H(\boldsymbol{s}',\boldsymbol{B}) + \sum_{i=1}^{N} H(\boldsymbol{s}_i',\boldsymbol{B}) \\ &= -H(\boldsymbol{x}) - \log|\boldsymbol{B}| + \sum_{i=1}^{N} H(\boldsymbol{s}_i',\boldsymbol{B}) \end{aligned} \tag{2-43}$$

其中，$H(\boldsymbol{s}_i',\boldsymbol{B}) = cF[k_3(\boldsymbol{s}_i'),k_4(\boldsymbol{s}_i')]$，$c$为一常数。

然后对矩阵$\boldsymbol{B}$进行求导，最终可导出基于常规随机梯度算法的学习公式为

$$\boldsymbol{B}(t+1) = \boldsymbol{B}(t) + \eta(t)\left[\boldsymbol{B}^{-T}(t) - \boldsymbol{\psi}(\boldsymbol{s}')\boldsymbol{x}^T\right] \tag{2-44}$$

其中，$\boldsymbol{\psi}$由三阶累积量$k_3(\boldsymbol{s}_i')$和四阶累积量$k_4(\boldsymbol{s}_i')$确定，$\eta(t)$为步长因子。

由于上式中存在$\boldsymbol{B}^{-T}$，这在实际计算时较为困难。针对这一问题，自然梯度的概念被提出并使用[9-11]，由于$\boldsymbol{B}$在黎曼空间中真正的最陡下降方向不是$\partial\rho/\partial\boldsymbol{B}$（$\rho$为损失函数），而是

$$-\frac{\partial\rho(\boldsymbol{s}',\boldsymbol{B})}{\partial\boldsymbol{B}}\boldsymbol{B}^T\boldsymbol{B} = [\boldsymbol{I} - \boldsymbol{\psi}(\boldsymbol{s}')\boldsymbol{s}'^T]\boldsymbol{B} \tag{2-45}$$

所以，基于自然梯度的在线学习算法[9]公式为

$$\boldsymbol{B}(t+1) = \boldsymbol{B}(t) + \eta(t)\left[\boldsymbol{I} - \boldsymbol{\psi}(\boldsymbol{s}')\boldsymbol{s}'^T\right]\boldsymbol{B}(t) \tag{2-46}$$

可见，采用自然梯度法进行目标函数的优化，避免了常规随机梯度法中计算矩阵逆的缺陷，降低了算法的计算量。

大量的实验证明了自然梯度法分离效果：有较好的可靠性和快捷性，并且这种算法省去了数据白化的过程。

2. 快速固定点算法

在前述的梯度类盲源分离算法中，可以采用梯度算法对独立性判据进行优化，从而实现信号的分离，但梯度算法中需要进行步长因子等参数的选择，如果选择不当，会影响算法的收敛性能。因此，可以将固定点算法引入盲源分离的求解，从而提高算法的计算速度和收敛性能。

芬兰赫尔辛基大学的 A. Hyvarinen 等[12]于 1997 年首先提出了以峭度为判据的快速固定点算法。其后，A. Hyvarinen[13]又在此基础上提出了性能更优的基于负熵的快速固定点算法。由于这两类算法具有收敛速度快的优点，因此均被称为 Fast–ICA 算法。Fast–ICA 算法是基于非高斯性最大化原理，通过最大化目标函数，使用固定点迭代理论寻找$\boldsymbol{B}^T\boldsymbol{x}$的非高斯性最大值从而达到分离信号的最佳估计。

固定点算法属于批处理类盲分离算法，批处理不会随着数据的陆续输入作递归式处理，而是根据一批已得到的数据进行处理，收敛迅速、可靠，是利用已经得到的一系列样本数据进行信号分离的方法，属于离线分离方法。但在算法推导过程中也要使用梯度法的自适应处理思路。

下面对上述两种采用不同判据的快速固定点算法进行简要介绍。

（1）基于峭度的快速固定点算法

当采用峭度作为盲分离的独立性判据时

$$\begin{aligned} J(\boldsymbol{s}_i') &= |k_4(\boldsymbol{s}_i')| = \left|E\left(\boldsymbol{s}_i'^4\right) - 3E^2\left(\boldsymbol{s}_i'^2\right)\right| \\ &= \left|E\left[\left(\boldsymbol{b}_{ij}\tilde{\boldsymbol{x}}\right)^4\right] - 3\left[b_{ij}E\left(\tilde{\boldsymbol{x}}\tilde{\boldsymbol{x}}^T\right)\boldsymbol{b}_{ij}^T\right]\right| \end{aligned} \tag{2-47}$$

由于$\tilde{\boldsymbol{x}}$是已经预白化后的观测信号，即$\tilde{\boldsymbol{x}}\tilde{\boldsymbol{x}}^T = \boldsymbol{I}$。因此

$$\begin{aligned} J(\boldsymbol{s}_i') &= \left|E\left[\left(\boldsymbol{b}_{ij}\tilde{\boldsymbol{x}}\right)^4\right] - \boldsymbol{b}_{ij}\boldsymbol{b}_{ij}^T\right| \\ &= \left|E\left[\left(\boldsymbol{b}_{ij}\tilde{\boldsymbol{x}}\right)^4\right] - 3\left\|\boldsymbol{b}_{ij}\right\|_2^4\right| \end{aligned} \tag{2-48}$$

采用梯度法将$J(\boldsymbol{s}_i')$对$\boldsymbol{b}_{ij}$求导，可得

$$\begin{aligned} \Delta\boldsymbol{b}_i \propto \frac{\partial J(\boldsymbol{s}_i')}{\partial \boldsymbol{b}_{ij}} &= \frac{\partial}{\partial \boldsymbol{b}_{ij}}\left\{\left|E\left[\left(\boldsymbol{b}_{ij}\tilde{\boldsymbol{x}}\right)^4\right] - 3\left\|\boldsymbol{b}_{ij}\right\|_2^4\right|\right\} \\ &= 4\,\mathrm{sgn}\left[k_4(\boldsymbol{b}_{ij}\tilde{\boldsymbol{x}})\right]\left\{E\left[\boldsymbol{x}^T(\boldsymbol{b}_{ij}\tilde{\boldsymbol{x}})^3\right] - 3\boldsymbol{b}_{ij}\left\|\boldsymbol{b}_{ij}\right\|_2^2\right\} \end{aligned} \tag{2-49}$$

当变化量$\Delta \boldsymbol{b}_i$为 0 时

$$E\left[\boldsymbol{x}^T(\boldsymbol{b}_{ij}\tilde{\boldsymbol{x}})^3\right]-3\boldsymbol{b}_{ij}\left\|\boldsymbol{b}_{ij}\right\|_2^2=0 \tag{2-50}$$

可以令峭度的梯度等于$\boldsymbol{b}_{ij}$，即

$$\boldsymbol{b}_{ij}\propto\left\{E\left[\boldsymbol{x}^T(\boldsymbol{b}_{ij}\tilde{\boldsymbol{x}})^3\right]-3\boldsymbol{b}_{ij}\left\|\boldsymbol{b}_{ij}\right\|_2^2\right\} \tag{2-51}$$

则在$\left\|\boldsymbol{b}_{ij}\right\|_2^2=1$的约束下，基于峭度的固定点算法的迭代公式为

$$\boldsymbol{b}_{ij}(t+1)=E\left[\tilde{\boldsymbol{x}}^T(\boldsymbol{b}_{ij}(t)\tilde{\boldsymbol{x}})^3\right]-3\boldsymbol{b}_{ij}(t) \tag{2-52}$$

在每次迭代之后需要对得到的$\boldsymbol{b}_{ij}(t+1)$进行归一化处理。基于峭度的固定点算法的具体计算步骤为：

1）对观测信号进行去均值和白化预处理。

2）给初始分离向量$\boldsymbol{b}_{ij}(0)$赋初值，要求满足$\left\|\boldsymbol{b}_{ij}(0)\right\|_2=1$的约束条件。

3）求$\boldsymbol{b}_{ij}(t+1)=E\left[\tilde{\boldsymbol{x}}^T(\boldsymbol{b}_{ij}(t)\tilde{\boldsymbol{x}})^3\right]-3\boldsymbol{b}_{ij}(t)$。

4）对$\boldsymbol{b}_{ij}(t+1)$进行归一化。

5）如果$\left|\boldsymbol{b}_{ij}(t+1)\boldsymbol{b}_{ij}^T(t)\right|$未接近 1，令$t=t+1$，返回步骤（3）。否则输出分离向量$\boldsymbol{b}_{ij}(t+1)$。

（2）基于负熵的快速固定点算法

由于使用负熵作为信号非高斯性度量指标的性能要优于峭度[1]，因此基于负熵的固定点算法相对于基于峭度的固定点算法将会具有更好的鲁棒性。以负熵最大化作为目标函数也是从信息论的观点出发的。

如果仅使用一个非多项式函数，负熵的近似表示变为

$$J(\boldsymbol{s}_i')=\left\{E\left[G(\boldsymbol{s}_i')\right]-E\left[G(z)\right]\right\}^2 \tag{2-53}$$

由于$\boldsymbol{s}_i'=\boldsymbol{b}_{ij}\tilde{\boldsymbol{x}}$，将$J(\boldsymbol{s}_i')$对$\boldsymbol{b}_{ij}$求导，可得

$$\Delta\boldsymbol{b}_{ij}\propto\frac{\partial J(\boldsymbol{s}_i')}{\partial\boldsymbol{b}_{ij}}=\gamma E\left[\tilde{\boldsymbol{x}}^T g(\boldsymbol{b}_{ij}\tilde{\boldsymbol{x}})\right] \tag{2-54}$$

式中，$\gamma=E\left[\boldsymbol{b}_{ij}\tilde{\boldsymbol{x}}\right]-E\left[G(z)\right]$；$z$为标准化的高斯随机变量；$g(.)$为$G(.)$的导数。$G$是一个由不同分布特点决定的非平方非线性函数，常用的形式主要有

$$G_1(\boldsymbol{s}')=\frac{1}{a}\lg\cos h(a\boldsymbol{s}') \tag{2-55}$$

$$G_2(\mathbf{s}') = -\exp\left(-\mathbf{s}'^2/2\right) \tag{2-56}$$

$$G_3(\boldsymbol{s}') = \frac{1}{4}\boldsymbol{s}'^4 \tag{2-57}$$

式中h由H求导得到，$1\leqslant a\leqslant 2$，常取$a=1$。当观测信号为亚高斯和高斯信号共存时采用式（2–55）；当观测信号为超高斯分布信号时，适用式（2–56）；对于亚高斯分布非观测信号选择式（2–57）。

根据上式可以得到固定点迭代公式

$$\boldsymbol{b}_{ij}(t+1) = E\left\{\tilde{\boldsymbol{x}}^T g\left[\boldsymbol{b}_{ij}(t)\tilde{\boldsymbol{x}}\right]\right\} \tag{2-58}$$

每次迭代后需要对$\boldsymbol{b}_{ij}(t+1)$进行归一化计算，并因此消除了式（2–54）中的系数γ。为提高算法的收敛性，可以利用近似牛顿法求解而得到基于负熵的固定点算法迭代公式为

$$\boldsymbol{b}_{ij}(t+1) = E\left\{\tilde{\boldsymbol{x}}^T g\left[\boldsymbol{b}_{ij}(t)\tilde{\boldsymbol{x}}\right]\right\} - E\left\{g'\left[\boldsymbol{b}_{ij}(t)\tilde{\boldsymbol{x}})\right]\right\}\boldsymbol{b}_{ij}(t) \tag{2-59}$$

式中，t表示迭代次数。

为了方便迭代的进行，在每次迭代后均需要对$\boldsymbol{b}_{ij}(t+1)$进行归一化计算，如下式

$$\boldsymbol{b}_{ij}(t+1) = \frac{\boldsymbol{b}_{ij}(t+1)}{\left\|\boldsymbol{b}_{ij}(t+1)\right\|} \tag{2-60}$$

基于负熵的固定点算法的具体计算步骤为：

1）对观测信号进行去均值和白化预处理。

2）给初始分离向量$\boldsymbol{b}_{ij}(0)$赋初值，要求满足$\left\|\boldsymbol{b}_{ij}(0)\right\|_2=1$的约束条件。

3）根据$\boldsymbol{b}_{ij}(t+1) = E\left\{\tilde{\boldsymbol{x}}^T g\left[\boldsymbol{b}_{ij}(t)\tilde{\boldsymbol{x}}\right]\right\} - E\left\{g'\left[\boldsymbol{b}_{ij}(t)\tilde{\boldsymbol{x}}\right]\right\}\boldsymbol{b}_{ij}(t)$进行迭代更新。

4）对$\boldsymbol{b}_{ij}(t+1)$进行归一化。

5）如果算法尚未收敛，返回步骤3）。否则输出分离向量$\boldsymbol{b}_{ij}(t+1)$。

上述基于峭度和负熵的两种固定点算法的描述均是针对仅分离出一路源信号情况的描述。如果需要将所有源信号都分离出来，需要多次进行上述分离过程。但如果不采取一定的措施，在进行多次分离的过程中会出现重复分离的现象，从而降低算法的计算效率。因此，在采用固定点算法进行迭代分离出多路源信号的过程中，采用 Gram–Schmidt 正交分解的方法从新估计出的分离向

量中去除已经估计出的源信号的分离向量的成分，然后再进行下一次分离向量的估计。

3. 特征矩阵的联合对角化算法

算法即特征矩阵联合近似对角化（Joint Approximative Diagonalization of Eigenmatrix，JADE）算法是由 J.-F. Cardoso[14]提出的，根据四阶累积量的代数性质，通过对目标矩阵组进行近似联合对角化来估计混合矩阵的一类盲源分离算法。下面对该类算法进行简要介绍[1, 2]。

首先利用白化矩阵$\boldsymbol{Q}$对混合信号$\boldsymbol{x}$进行白化得到$\tilde{\boldsymbol{x}}$，任意选取$N\times N$阶矩阵$\boldsymbol{P}$，则$N\times N$阶的四维累积量矩阵定义为

$$\boldsymbol{F}_{ij}(\boldsymbol{P})=\sum_{h=1}^{N}\sum_{l=1}^{N}K_{ijhl}(\tilde{\boldsymbol{x}})\cdot p_{hl} \tag{2-61}$$

其中，p_{hl}为矩阵$\boldsymbol{P}$中第h行、第l列的元素；$K_{ijml}(\tilde{\boldsymbol{x}})$是$\tilde{\boldsymbol{x}}$中第$i,j,h,l$四个分量的四维累积量。$\boldsymbol{F}$矩阵中包含了观测到的混合信号中所有的四维累积量信息。

令矩阵$\boldsymbol{U}=\left[\boldsymbol{u}_1,\cdots,\boldsymbol{u}_m,\boldsymbol{u}_N\right]$由白化矩阵$\boldsymbol{Q}$和混合矩阵$\boldsymbol{A}$共同组成，即

$$\boldsymbol{U}=\boldsymbol{QA} \tag{2-62}$$

其中，$\boldsymbol{u}_m=\left[u_{m1},\cdots,u_{mN}\right]^T$。如果取矩阵$\boldsymbol{P}$满足

$$\boldsymbol{P}=\boldsymbol{u}_m\boldsymbol{u}_m{}^T \tag{2-63}$$

其中，$m=1,2,\cdots,N$，则

$$\begin{aligned}\boldsymbol{F}_{ij}(\boldsymbol{P})&=\sum_{h,l=1}^{N}u_{mh}u_{ml}\cdot\mathrm{cum}(\tilde{\boldsymbol{x}}_i,\tilde{\boldsymbol{x}}_j,\tilde{\boldsymbol{x}}_h,\tilde{\boldsymbol{x}}_l)\\&=\sum_{h,l=1}^{N}u_{mh}u_{ml}\cdot\mathrm{cum}\left[\sum_{q=1}^{N}u_{qi}s_q,\sum_{q'=1}^{N}u_{q'j}s_{q'},\sum_{r=1}^{N}u_{rh}s_r,\sum_{r'=1}^{N}u_{r'l}s_{r'}\right]\\&=\sum_{h,l,q,q',r,r'=1}^{N}u_{mh}u_{ml}\left[u_{qi}u_{q'j}u_{rh}u_{r'l}\mathrm{cum}\left(s_q,s_{q'},s_r,s_{r'}\right)\right]\end{aligned} \tag{2-64}$$

因为源信号$\boldsymbol{s}_i$之间相互独立，所以当$q=q'=r=r'$时对应的累积量有非零值。其他情况下均为零值。因此

$$\begin{aligned}\boldsymbol{F}_{ij}(\boldsymbol{P})&=\sum_{q=1}^{N}u_{qi}u_{qj}\delta_{mq}\delta_{mq}k_4\left(s_q\right)\\&=u_{mi}u_{mj}k_4\left(s_m\right)\\&=p_{ij}k_4\left(s_m\right)\end{aligned} \tag{2-65}$$

可见，矩阵$\boldsymbol{P}$即为$\boldsymbol{F}(\boldsymbol{P})$的特征矩阵，其对应的特征值分别为各源信号的四阶累积量。

如果对$\boldsymbol{F}(\boldsymbol{P})$进行特征值分解，可以得到其所有的特征矩阵$\boldsymbol{P}=\boldsymbol{u}_m\boldsymbol{u}_m^T$和所有的特征值。如果每一路源信号的四阶累积量各不相同，则$\boldsymbol{u}_{\mathrm{m}}$也各不相同。从而可以由所有$\boldsymbol{u}_{\mathrm{m}}$构成矩阵$\boldsymbol{U}$，进而通过下式得到混合矩阵$\boldsymbol{A}$。

$$\boldsymbol{A}=\boldsymbol{Q}^{-1}\boldsymbol{Q}\boldsymbol{A}=\boldsymbol{Q}^{-1}\boldsymbol{U} \tag{2-66}$$

进一步可以通过求解矩阵$\boldsymbol{A}$的逆矩阵而得到源信号的估计

$$\boldsymbol{s}'=\boldsymbol{A}^{-1}\tilde{\boldsymbol{x}} \tag{2-67}$$

但上述通过特征值分解的方法得到矩阵$\boldsymbol{U}$的算法在特征值具有相同根的情况下是无效的。因此，更实用、更稳健的方法是 JADE 算法。

由于$\boldsymbol{F}(\boldsymbol{P})$是对称阵，$\boldsymbol{P}=\boldsymbol{u}_{\mathrm{m}}\boldsymbol{u}_{\mathrm{m}}{}^T$是其特征矩阵，$\boldsymbol{F}(\boldsymbol{P})$可以表示成$\boldsymbol{U}\Lambda(\boldsymbol{P})\boldsymbol{U}^T$的形式。其中

$$\begin{aligned}\Lambda(\boldsymbol{P})&=\boldsymbol{U}^T\boldsymbol{F}(\boldsymbol{P}_i)\boldsymbol{U}\\&=\mathrm{diag}\left[k_4(s_1)u_1\boldsymbol{P}\boldsymbol{u}_1^T,\dots,k_4(s_N)\boldsymbol{u}_N\boldsymbol{P}\boldsymbol{u}_N^T\right]\end{aligned} \tag{2-68}$$

可见，利用矩阵$\boldsymbol{U}$对$\boldsymbol{F}(\boldsymbol{P})$进行处理可以得到对角阵$\Lambda(\boldsymbol{P})$。所以，利用该对角化特性即可找到矩阵$\boldsymbol{U}$。

为了解决仅取一个$\boldsymbol{P}$矩阵而带来的四阶累积量信息不足的问题，算法中一般选取一组矩阵$\boldsymbol{P}=\left[\boldsymbol{P}_1,\cdots\boldsymbol{P}_i\cdots,\boldsymbol{P}_K\right]$，然后分别针对不同的$\boldsymbol{P}_i$计算使$\boldsymbol{F}(\boldsymbol{P}_i)$都尽量对角化的矩阵$\boldsymbol{U}$，希望其能够使$\boldsymbol{F}(\boldsymbol{P}_i)$都尽可能对角化。因而，可以定义一个目标函数

$$J_{\mathrm{JADE}}(\boldsymbol{U})=\sum_{i=1}^{K}\left\|\mathrm{diag}\left[\boldsymbol{U}^T\boldsymbol{F}(\boldsymbol{P}_i)\boldsymbol{U}\right]\right\|^2 \tag{2-69}$$

式中，$\left\|\mathrm{diag}\left[\boldsymbol{U}^T\boldsymbol{F}(\boldsymbol{P}_i)\boldsymbol{U}\right]\right\|^2$表示对角线元素的平方和。然后通过优化方法找到使目标函数$J_{\mathrm{JADE}}(\boldsymbol{U})$最大化的矩阵$\boldsymbol{U}$，即可通过进一步计算得到源信号的估计。

具体的 JADE 算法实现步骤为：

1）计算白化矩阵$\boldsymbol{Q}$，得到白化后的信号$\tilde{\boldsymbol{x}}$。

2）确定一组矩阵$\boldsymbol{P}_i\in\boldsymbol{P}$，利用白化后的信号$\tilde{\boldsymbol{x}}$计算得到一组累积量矩阵$\boldsymbol{F}(\boldsymbol{P}_i)$。

3）求解使目标函数最大化的矩阵$\boldsymbol{U}$，以实现使各$\boldsymbol{F}(\boldsymbol{P}_i)$的联合对角化。

4）利用矩阵$\boldsymbol{U}$得到混合矩阵$\boldsymbol{A}$的估计，进而得到源信号的估计。

4. 基于信号时间结构的算法

前述盲源分离算法均是针对独立随机变量混合信号进行分离，主要考虑信号的独立性，而未考虑信号本身的时间特性。在实际环境中，有些信号如语音信号、音乐信号等均是具有时间结构信息的信号。

在仅考虑信号独立性的盲分离算法中，一般是利用信号的非高斯性来度量信号的独立性。因此，如果源信号均为高斯信号，则基于独立性的盲分离算法将无能为力。在此情况下，如果源信号具有时间结构，则利用这些额外信息就能够进行信号分离。

信号的时间结构可以通过协方差函数体现。协方差函数一般分成自协方差和互协方差两类。自协方差定义为

$$\operatorname{cov}\left[x_i(t-\tau)x_i(t-\tau)\right] \tag{2-70}$$

其中，τ为延迟函数，其取值为$\tau=1,2,\cdots$

互协方差定义为

$$\operatorname{cov}\left[x_i(t-\tau)x_j(t-\tau)\right] \tag{2-71}$$

其中，$i\neq j$。则一组源信号的时延协方差矩阵可定义为

$$\boldsymbol{C}_\tau = E\left[\boldsymbol{x}(t)\boldsymbol{x}(t-\tau)^T\right] \tag{2-72}$$

由于时延协方差矩阵中蕴含着能够替代高阶统计量的信息[15, 16]，因此可以仅利用时延协方差矩阵估计出源信号，并且由于算法中仅采用了信号的二阶统计特性，避免了对高阶累积量的计算，一般具有较快的计算速度。

L. Tong 等[15]提出了采用时延协方差矩阵进行盲信号分离的 AMUSE 算法，首先对混合信号$\boldsymbol{x}(t)$进行去均值和白化预处理，然后计算单步时延为τ时的时延协方差矩阵$\boldsymbol{C}_\tau$，最后对$\overline{\boldsymbol{C}_\tau}=\frac{1}{2}\left[\boldsymbol{C}_\tau+\boldsymbol{C}_\tau{}^T\right]$进行特征值分解，并将特征值分解出的每个特征向量分别作为分离矩阵$\boldsymbol{B}$的行向量，即可实现信号分离。

但 AMUSE 算法只有在矩阵$\overline{\boldsymbol{C}_\tau}$的所有特征值均不相等时才能有效，因此在实际应用中如果某些源信号具有相同的功率谱，则其会有相同的自协方差。此时不能找到使对应的特征值均不相同的时延τ。因此，如果某些源信号具有相同的功率谱时，该算法将不能很好地实现对源信号的估计。

2001 年，J. V. Stone[17] 提出了一种基于信号时间结构的盲信号分离算法：任何一路混合信号x_j的时间可预测性都不如构成这路混合信号的每一路源信号s_j。定义一个量度$F(\boldsymbol{B}_i,\boldsymbol{x})$来评估由$\boldsymbol{B}_i$所恢复的信号$s'_i$的时间可预测性。量度$F(\boldsymbol{B}_i,\boldsymbol{x})$定义为

$$F(\boldsymbol{B}_i,\boldsymbol{x})=\lg\frac{V(\boldsymbol{B}_i,\boldsymbol{x})}{U(\boldsymbol{B}_i,\boldsymbol{x})}=\lg\frac{\boldsymbol{V}_i}{\boldsymbol{U}_i}=\lg\frac{\sum_{t=1}^{N}(s'_{it}-\bar{s}'_{it})^2}{\sum_{t=1}^{N}(s'_{it}-\tilde{s}'_{it})^2} \tag{2-73}$$

式中，s'_{it}是第i路信号在时刻t的预测值；s'_{it}和$\overline{s'}_{it}$分别为第i路信号在时刻t预测值的短期去均值量和长期去均值量。

$$s'_{it}=\lambda_S s'_{i(t-1)}+(1-\lambda_S)s'_{i(t-1)}:\ 0\leqslant\ \lambda_S\leqslant 1 \tag{2-74}$$

$$\overline{s'}_{it}=\lambda_L \overline{s'}_{i(t-1)}+(1-\lambda_L)s'_{i(t-1)}:\ 0\leqslant\ \lambda_L\leqslant 1 \tag{2-75}$$

式中，λ_S，λ_L为遗忘因子（$0\leqslant\ \lambda_S\leqslant 1$，$0\leqslant\ \lambda_L\leqslant 1$），且$\lambda=2^{-1/h}$，$h_L\gg h_S$（一般为 100 倍以上）。

根据$s'_i=\boldsymbol{B}_i\boldsymbol{x}$，式（2-73）可重写为

$$\begin{aligned}F(\boldsymbol{B}_i,\boldsymbol{x})&=\lg\frac{(\boldsymbol{B}_i\boldsymbol{x}-\boldsymbol{B}_i\bar{\boldsymbol{x}})(\boldsymbol{B}_i\boldsymbol{x}-\boldsymbol{B}_i\bar{\boldsymbol{x}})^T}{(\boldsymbol{B}_i\boldsymbol{x}-\boldsymbol{B}_i\tilde{\boldsymbol{x}})(\boldsymbol{B}_i\boldsymbol{x}-\boldsymbol{B}_i\tilde{\boldsymbol{x}})^T}\\&=\lg\frac{\boldsymbol{B}_i(\boldsymbol{x}-\bar{\boldsymbol{x}})\left[\boldsymbol{B}_i(\boldsymbol{x}-\bar{\boldsymbol{x}})\right]^T}{\boldsymbol{B}_i(\boldsymbol{x}-\tilde{\boldsymbol{x}})\left[\boldsymbol{B}_i(\boldsymbol{x}-\tilde{\boldsymbol{x}})\right]^T}\\&=\lg\frac{\boldsymbol{B}_i(\boldsymbol{x}-\bar{\boldsymbol{x}})(\boldsymbol{x}-\bar{\boldsymbol{x}})^T\boldsymbol{B}_i^T}{\boldsymbol{B}_i(\boldsymbol{x}-\tilde{\boldsymbol{x}})(\boldsymbol{x}-\tilde{\boldsymbol{x}})^T\boldsymbol{B}_i^T}\\&=\lg\frac{\boldsymbol{B}_i\left[(\boldsymbol{x}-\bar{\boldsymbol{x}})(\boldsymbol{x}-\bar{\boldsymbol{x}})^T\right]\boldsymbol{B}_i^T}{\boldsymbol{B}_i\left[(\boldsymbol{x}-\tilde{\boldsymbol{x}})(\boldsymbol{x}-\tilde{\boldsymbol{x}})^T\right]\boldsymbol{B}_i^T}\end{aligned} \tag{2-76}$$

定义：

$$\bar{\boldsymbol{C}}_{ij}=\sum_{n=1}^{i}(x_{in}-\bar{x}_{in})(x_{jn}-\bar{x}_{jn}) \tag{2-77}$$

$$\tilde{\boldsymbol{C}}_{ij}=\sum_{n=1}^{i}(x_{in}-\tilde{x}_{in})(x_{jn}-\tilde{x}_{jn}) \tag{2-78}$$

式中，$i,j\in\{1,2,\cdots,M\}$；用$\bar{\boldsymbol{C}}$表示$M\times M$维的长期协方差矩阵；$\tilde{\boldsymbol{C}}$表示$M\times M$维的短期协方差矩阵。则式（2-73）可改写为

$$F(\boldsymbol{B}_i,\boldsymbol{x}) = \lg\frac{\boldsymbol{B}_i\bar{\boldsymbol{C}}\boldsymbol{B}_i^T}{\boldsymbol{B}_i\tilde{\boldsymbol{C}}\boldsymbol{B}_i^T} \tag{2-79}$$

如果采用梯度法最大化$F(\boldsymbol{B}_i,\boldsymbol{x})$，需要对$\boldsymbol{B}_i$求梯度，即

$$\nabla_{b_i}F = \frac{2\boldsymbol{B}_i}{\boldsymbol{V}_i}\bar{\boldsymbol{C}} - \frac{2\boldsymbol{B}_i}{\boldsymbol{U}_i}\tilde{\boldsymbol{C}} \tag{2-80}$$

由于F是一个二次形的比率，有一个全局最大值和一个全局最小值，这意味着通过梯度法必然能保证得到F的全局最大值。因此令梯度为零，可得

$$\boldsymbol{B}_i\bar{\boldsymbol{C}} = \frac{\boldsymbol{V}_i}{\boldsymbol{U}_i}\boldsymbol{B}_i\tilde{\boldsymbol{C}} \tag{2-81}$$

最大化量度$F(\boldsymbol{B}_i,\boldsymbol{x})$得到解混矩阵$\boldsymbol{B}$的过程可以转化为解广义特征值的问题。通过 MATLAB 中的解特征值函数$\boldsymbol{B} = \mathrm{eig}(\bar{\boldsymbol{C}},\tilde{\boldsymbol{C}})$得到解混矩阵$\boldsymbol{B}$，然后将$\boldsymbol{B}$带入公式$\boldsymbol{s}'(t) = \boldsymbol{B}\boldsymbol{x}(t)$即可得到源信号的估计$\boldsymbol{s}'(t)$。

该基于信号时间结构的盲源分离算法对于解决源信号具有较好时间连续性的盲信号分离问题具有良好的性能，同时还兼具运算量较小的特点。

2.3 盲源分离算法的性能评判

盲源分离算法的性能优劣，一般通过主观定性评判和客观定量评判两种方法进行评价[18]。

2.3.1 主观定性评判方法

主观定性评判方法主要是通过评判者从视觉角度比较分离信号波形或图像与源波形或图像的相似程度，或者从实际试听的角度（如语音信号）来判断分离算法的分离性能。

主观评判方法可以直观地辨别出分离性能的优劣，但往往也会由于不同评判者的个体生理差别和主观意识的差异而导致评判结果发生偏差。并且由于主观评判方法对于算法分离性能的评价往往是定性描述，从而使得评判具有一定的局限性。

2.3.2 客观定量评判方法

客观定量评判方法主要是从数学角度定量评价算法的分离效果，通常检验分离性能的指标主要有相似系数和信噪比。

1. 相似系数

相似系数是通过测量估计出来的信号与源信号的相似程度的差距来判定信号的分离质量。在实际评判中，为了忽略由于盲信号分离算法存在的反相现象而产生的相关系数的负值情况，一般采用相关系数的绝对值进行评价。

设$\boldsymbol{s}_i$为第i路源信号，$\boldsymbol{s}'_j$为该路源信号的估计（即分离信号），则分离信号与源信号的相关系数的绝对值可以定义为[19]

$$\zeta_{ij}=\zeta(\boldsymbol{s}_i,\boldsymbol{s}'_j)=\left|\frac{\sum_{t=1}^{N}\boldsymbol{s}'_j(t)\boldsymbol{s}_i(t)}{\sqrt{\sum_{t=1}^{N}\boldsymbol{s}'^2_j(t)\sum_{t=1}^{N}\boldsymbol{s}^2_i(t)}}\right| \tag{2-82}$$

其中，$i,j=1,2,\cdots,N$。

由于盲信号分离算法往往存在分离顺序的不确定性，所以一般情况下$i\neq j$（但不排除存在$i=j$的情况）。当$\boldsymbol{s}'_j(t)=\lambda_i\boldsymbol{s}_i(t)$时，相关系数$\zeta_{ij}=1$。其中，$\lambda_i$为分离信号与源信号的尺度变化系数。$\zeta_{ij}$的值越接近1，表示分离信号与源信号的相似度越高。

2. 信噪比

信噪比定义如下[20]：

$$\text{SNR}=10\lg\frac{\sum_{i=1}^{N}s_i^2(t)}{\sum_{t=1}^{N}\left[s_i(t)-s'_j(t)\right]^2}(\text{dB}) \tag{2-83}$$

其中，$\boldsymbol{s}_i(t)$为第i路源信号；$\boldsymbol{s}'_j(t)$为第j路分离信号，$i,j=1,2,\cdots,N$。分离信号的信噪比越高，说明分离效果越好。

3. 性能指数PI[21]

$$\text{PI}(\boldsymbol{G})=\frac{1}{n(n+1)}\sum_{i=1}^{N}\left\{\left(\sum_{k=1}^{N}\frac{|g_{ik}|}{\max_j|g_{ij}|}-1\right)+\left(\sum_{k=1}^{N}\frac{|g_{ki}|}{\max_j|g_{ji}|}-1\right)\right\} \tag{2-84}$$

式（2–84）中，G为全局传输矩阵且$G = AB$，g_{ij}为G的元素，$\max_j |g_{ij}|$是G的第i行所有元素的绝对值中的最大值，$\max_j |g_{ji}|$是G的第i列所有元素的绝对值中的最大值。当且仅当G为一广义排列矩阵时，即分离信号$s'(t)$与源信号$s(t)$的波形完全相同时有PI=0。在实际的盲源分离算法性能分析中，当PI=10^{-2}时算法分离性能就已经比较理想。

性能指数PI计算过程是通过逐步的迭代运算实现的，它能够非常直观地显示出算法的分离效果和收敛速度。

4. 平均干信比

当全局矩阵G越接近广义交换矩阵时，盲源分离算法的分离效果就越理想，我们可以用平均干信比来衡量全局矩阵和广义交换矩阵的接近程度，平均干信比的定义为[30]

$$\left|G_{i,k}\right|^2 = \max\left\{\left|G_{i,1}\right|^2, \cdots, \left|G_{i,n}\right|^2\right\} \tag{2-85}$$

$$U^{-1} = U^T \tag{2-86}$$

$$\text{ISR}(i) = 10\lg(C_i) = \frac{1}{N}\sum_{i=1}^{N}\text{ISR}(i) \tag{2-87}$$

对于盲源分离算法分离性能的评判，一般先通过主观评判方法进行定性评判，然后采用客观评判方法进行定量评判，从而得到对盲源分离算法分离效果的综合判断，为算法的改进和性能的进一步提高提供指导。

2.4 循环平稳理论

非平稳随机过程的循环平稳特性最早由 Bennett W. R[18]提出，Loeve 定义了循环平稳随机过程的自相关函数的表达式，Gardner W. A[22–24]深入研究了非平稳过程的循环平稳特性，首次揭示了循环平稳信号的本质特征为其谱相关特性，即将瞬时谱在频率上分别上下搬移一定值后得到的两个信号谱具有相关性，搬移的频谱差值就是信号的循环频率。并利用谱相关理论详细分析了雷达、通信、声呐等系统中几种常见的循环平稳人工信号，使人们对循环平稳性有了更直观的了解。

所谓循环平稳（Cyclostationary）就是指统计特性是随时间呈周期变化的随机过程。数学上通常把均值和自相关函数呈现周期性或者几乎为周期性的信号称为循环平稳信号[25]。各种数字通信系统中的信号、电视、传真及雷达系统中各种周期扫描过程产生的信号，具有昼夜或季节性规律变化的自然信号、心电图等人体信号都具有循环平稳性。

在非平稳信号研究和应用中，循环平稳理论是一种具有非常鲜明特性的研究方法和手段，主要表现在以下几个方面。

1）循环平稳理论的研究对象是高阶累积量为时间周期函数的一大类非平稳信号，而且循环平稳理论对这类特殊非平稳信号的分析和处理，不是在时频平面或其他变换平面上，而是在所谓的循环频率滞后平面上进行的，这构成了循环平稳理论和方法。

2）从功率谱结构上看，循环平稳信号的周期性导致这类信号都具有谱冗余特性，这使得将循环平稳信号与非循环平稳信号相分离较为容易。

3）一般情况下时变统计量是必须利用信号的多次观测记录进行估计，但循环统计量却可以从信号的单次观测中得到估计，而且由循环统计量还可以获得时变统计量。

4）循环累积量可以抑制任何平稳的有色噪声，高阶循环累积量还可以抑制非平稳的高斯有色噪声。

5）非最小相位系统辨识借助循环平稳理论，循环二阶统计量就能够处理非最小相位系统，进行系统辨识。而一般情况下，高阶统计量才是获得非因果、非最小相位、非线性系统辨识，或提取可能“隐藏”在数据中的重要信息的唯一手段。

6）低阶循环统计量系统辨识的一个突出优点是它充分利用了处理对象本身所具有的循环统计平稳特性，具有较低的计算量，能够有效提高信号分析和处理的效率，因而能够应用在实时处理领域，这是高阶统计量信号处理目前所无法企及的。

正是由于循环平稳理论的上述优点，才使得循环平稳理论得到不断发展和应用，因此循环平稳理论的研究具有非常重要的意义。

循环平稳过程分为广义循环平稳过程（Wide Sense Cyclostationary，WSCS）和狭义循环平稳过程（Narrow Sense Cyclostaionary，NSCS）[26]。目前，已经成为许多物理现象合适的模型。由于与平稳过程的相似性，在信号分析领域中，循环平稳过程比一般非平稳过程更受青睐。

定义 2.1：严格循环平稳

在任意选定的$t_1,t_2,\cdots,t_k$时刻上，由随机过程$x(t)$所确定的k维随机变量的概率密度函数存在某个T满足

$$f\left[x(t_1),x(t_2),\cdots,x(t_k)\right]=f\left[x(t_1+L_1T),x(t_2+L_2T),\cdots,x(t_k+L_kT)\right] \tag{2-88}$$

其中，$L_i(i=1,2,\cdots,k)$为任意整数。则称随机过程$x(t)$为严格循环平稳随机过程。

定义 2.2：广义循环平稳

若随机过程$x(t)$的统计特征呈现周期或多周期（其中各周期不能通约）变化，则称该随机过程为广义循环平稳随机过程。

通常对循环平稳随机过程的研究都是在其广义意义上展开的，因此广义循环平稳一般简称为循环平稳。

循环平稳信号通过非线性变换可以从中产生出有限强度的正弦波，但信号本身并不含有任何的有限强度的加性正弦波分量的信号。产生一个正弦波所需要的非线性变换的最小阶数称为信号的循环平稳阶数，而生成的正弦波的频率则称为循环频率[27]。

严格来讲，循环平稳信号是具有周期时变的联合概率密度函数的一种时间序列

$$\prod_{i=1}^{N}p\left(x,t_i\right)=\prod_{i=1}^{N}p\left(x,t_i+kT_0\right) \tag{2-89}$$

其中，N代表信号的统计阶数；T_0代表信号的基本循环平稳周期；k是一个给定的整数。

循环平稳信号具有时间上周期变化的矩和累积量，如下式所示。

$$E\left\{\prod_{i=1}^{N}x\left(t_i\right)\right\}=E\left\{\prod_{i=1}^{N}x\left(t_i+kT_0\right)\right\} \tag{2-90}$$

N阶循环平稳过程的定义为：若随机过程$\left\{x\left(t\right)\right\}$从一阶到$N$阶的各阶时变累积量都存在，并且它们都是时间的周期函数，即每阶可能有多个循环周期，且各阶循环周期一般不同，则称该随机过程为 N 阶循环平稳过程[27]。

2.4.1 低阶循环平稳过程

1. 一阶循环平稳信号

定义 2.3：若信号在循环频率$\alpha(\alpha\neq0)$处的循环均值$m_x^{\alpha}\neq0$，则信号具有

一阶循环平稳性[2]。

设$x(t)$为一随机信号，周期为T_0，对其作统计平均求均值，即

$$m_x(t)=E\left[x(t)\right]=E\left[x(t+nT_0)\right] \tag{2-91}$$

在实际应用中无法直接求得无限长时间内的信号均值，根据随机过程的各态历经性，可以用统计均值来估计时间平均值。即若$x(t)$是一阶周期各态历经的随机过程，对$x(t)$以T_0为周期进行采样，采样时刻为

$$\cdots,t-nT_0,\cdots,t-T_0,\cdots,t+nT_0\cdots$$

其中，t为任意值，这样的采样值显然满足遍历性，所以可以用样本的平均来估计其均值，即

$$m_x(t)=\lim_{N\to\infty}\frac{1}{2N+1}\sum_{n=-N}^{N}x(t+nT_0) \tag{2-92}$$

将式（2-92）中的时间t以$t+mT$（m为任意整数）代替，其均值保持不变，可见均值$m_x(t)$是周期为T函数，对其做傅里叶级数展开，得

$$m_x(t)=\sum m_x^{\alpha}e^{\mathrm{j}2\pi\alpha t} \tag{2-93}$$

式中，$\alpha=m/T_0$为循环频率，m_x^{α}为相应的傅里叶系数，其中

$$m_x^{\alpha}=\frac{1}{T}\int_{-T/2}^{T/2}m_x(t)e^{-\mathrm{j}2\pi\alpha t}\mathrm{d}t \tag{2-94}$$

将式（2-92）代入式（2-94），并令$T=(2N+1)T_0$，得

$$\begin{aligned}m_x^{\alpha}&=\lim_{N\to\infty}\frac{1}{(2N+1)T_0}\sum_{n=-N}^{N}\int_{-T_0/2}^{T_0/2}x(t+nT_0)\mathrm{e}^{-\mathrm{j}2\pi\alpha t}\mathrm{d}t\\&=\lim_{T\to\infty}\frac{1}{T}\int_{-T/2}^{T/2}x(t)\mathrm{e}^{-\mathrm{j}2\pi\alpha t}\mathrm{d}t\\&=\left\langle x(t)\mathrm{e}^{-\mathrm{j}2\pi\alpha t}\right\rangle_t\end{aligned} \tag{2-95}$$

式中，$\langle\cdot\rangle_t$表示时间平均；m_x^{α}称为信号$x(t)$循环均值。

式（2-95）表明，循环均值相当于将$x(t)$的频谱左移频率α后，再取时间平均。依据条件$m_x^{\alpha}=0(\forall\alpha\neq0)$，即$x(t)$的功率是否存在谱线，可以判断信号是否为一阶循环平稳信号。

2. 二阶循环平稳信号

定义 2.4 信号在循环频率$\alpha(\alpha\neq0)$处的循环相关函数$R_x^{\alpha}(\tau)\neq0$，则信号

为二阶循环平稳信号[28]。

设信号$x(t)$为一个零均值的非平稳复信号，其自相关函数

$$R_x(t,\tau)=E\left[x(t)x^*(t-\tau)\right] \tag{2-96}$$

式中，$(.)^*$表示复共轭。

实际应用中，通常取复信号延迟乘积的二次变换的对称形式，式（2–96）也可以写成

$$R_x(t,\tau)=E\left[x(t+\tau/2)x^*(t-\tau/2)\right] \tag{2-97}$$

若$R_x(t,\tau)$具有周期为T_0的周期性，用时间平均可以将其写成

$$R_x(t,\tau)=\lim_{N\to\infty}\frac{1}{2N+1}\sum_{n=-N}^{N}x(t+nT_0+\tau/2)x^*(t+nT_0-\tau/2) \tag{2-98}$$

将式（2–98）用傅里叶级数展开如下

$$R_x(t,\tau)=\sum_{m=-\infty}^{\infty}R_x^{\alpha}(\tau)e^{j2\pi\alpha t} \tag{2-99}$$

式中，$\alpha=m/T_0$，$R_x^{\alpha}(\tau)$为$R_x(t,\tau)$的傅里叶系数

$$R_x^{\alpha}(\tau)=\frac{1}{T_0}\int_{-T_0/2}^{T_0/2}R_x(t,\tau)e^{-j2\pi\alpha t}dt \tag{2-100}$$

将式（2–98）代入式（2–99），并且令$T=(2N+1)T_0$可得

$$\begin{aligned}R_x^{\alpha}(\tau)&=\lim_{T\to\infty}\frac{1}{(2N+1)T_0}\sum_{n=-\infty}^{\infty}\int_{-T_0/2}^{T_0/2}x(t+nT_0+\tau/2)x^*(t+nT_0-\tau/2)e^{-j2\pi\alpha t}dt\\&=\lim_{T\to\infty}\frac{1}{T}\int_{-T/2}^{T/2}x(t+\tau/2)x^*(t-\tau/2)e^{-j2\pi\alpha t}dt\\&=\left\langle x(t+\tau/2)x^*(t-\tau/2)e^{-j2\pi\alpha t}\right\rangle_t\end{aligned} \tag{2-101}$$

式（2–101）中$R_x^{\alpha}(\tau)$为信号$x(t)$的循环自相关函数。

根据自相关函数的性质，可以判断随机过程的本质属性：

1）若$R_x^{\alpha}(\tau)$存在，且$R_x^{\alpha}(\tau)=0$，$\forall\alpha\neq0$，则信号为平稳信号；

2）若$R_x^{\alpha}(\tau)$存在，且存在至少一个非零的循环频率α，使$R_x^{\alpha}\neq0$时，信号是循环平稳信号。

循环平稳信号，可以有多个循环频率α，即满足条件 2）的α可能有多个，当$\alpha=0$时，对应着信号的平稳分量，只有非零的循环频率才刻画信号的循环平稳性[26]。

信号本身往往不具有周期性，但经过二次非线性变换后的相关函数含有频率为α的谐波分量，凸显出信号的隐周期性。

对于一个脉冲幅度调制信号

$$x(t)=\sum_{n=-\infty}^{\infty} a(nT_0)\,p(t-nT_0) \tag{2-102}$$

若脉冲周期限制在$[-T_0/2,T_0/2]$内，其功率谱可以表示为

$$S_x(f)=\frac{1}{T_0}|S_p(f)|^2\sum_{-\infty}^{\infty}S_a(f-m/T_0) \tag{2-103}$$

由于，$p(t)$是有限的，故其功率谱$S_p(f)$没有谱线。因此，$S_x(f)$没有谱线。

现在考虑$x(t)$的平方

$$y(t)=x^2(t)=\sum_{n=-\infty}^{\infty} b(nT_0)\,q(t-nT_0) \tag{2-104}$$

其中，$b(nT_0)=a^2(nT_0)$，它含有直流分量，在$f=0$处有谱线；另$q(t)=p^2(t)$；式（2-104）中的交叉相忽略不计。于是，$y(t)$的功率谱密度可以表示为

$$S_y(f)-\frac{1}{T_0}|Q(f)|^2\sum_{-\infty}^{\infty}S_b(f-m/T_0) \tag{2-105}$$

式中，$Q(f)$是$q(t)$的傅里叶变换，也表明功率谱$S_y(f)$在脉冲频率$1/T_0$的谐波频率m/T_0处有谱线。

若$a(t)$是随机二元序列，则$b(nT_0)=1$，从而使$y(t)$直接变成了一个周期性信号

$$y(t)=\sum_{-\infty}^{\infty}q(t-n/T_0) \tag{2-106}$$

从以上分析可得，对于不具有一阶循环平稳性的信号，可以进行平方变换，使其具有二阶循环平稳性。

可见，若源信号不是一阶循环平稳信号，经过相应技术处理使其转化为二阶循环平稳信号：对复信号我们一般用模平方变换，也可用平方变换可以使原来的非周期性信号变换成周期性的平稳信号。通常，在许多场合，有延迟的二次变换比模平方变换更有效。

3. 谱相关密度函数

自相关函数是平稳随机信号的重要数字特征，其傅里叶变换，也就是功率谱密度，在频域描述了信号二阶统计量的数字特征。

信号 $x(t)$ 的循环自相关函数傅里叶变换

$$S_x^{\alpha}(f)=\int_{-\infty}^{\infty}R_x^{\alpha}(\tau)e^{-\mathrm{j}2\pi f\tau}\mathrm{d}\tau \tag{2-107}$$

称为循环谱密度（Cyclic Spectrum Density，CSD）[26]。

将式（2–101）改写为

$$R_x^{\alpha}(\tau)=\left\langle\left[x(t+\tau/2)e^{-\mathrm{j}\pi\alpha(t+\tau/2)}\right]\left[x(t-\tau/2)e^{-\mathrm{j}\pi\alpha(t-\tau/2)}\right]^*\right\rangle \tag{2-108}$$

令

$$\begin{cases}u(t)=x(t)e^{-\mathrm{j}\pi\alpha t}\\ v(t)=x(t)e^{\mathrm{j}\pi\alpha t}\end{cases} \tag{2-109}$$

则式（2–108）的循环自相关函数可以写为 $u(t)$ 和 $v(t)$ 的互相关函数

$$\begin{aligned}R_x^{a}(\tau)&=R_{uv}(\tau)=\left\langle u(t+\tau/2)v^*(t-\tau/2)\right\rangle_t\\&=\lim_{T\to\infty}\frac{1}{T}\int_{-T/2}^{T/2}u(t+\tau/2)v^*(t-\tau/2)\mathrm{d}t\end{aligned} \tag{2-110}$$

式（2–110）的互相关函数，即为 $u(t)$ 和 $v^*(-t)$ 的卷积，由于信号在时域的卷积在频域里表现为乘积，$R_x^{a}(\tau)$ 的 Fourier 变换 $S_x^{a}(f)$ 可以用 $u(t)$ 和 $v^*(-t)$ 两者的 Fourier 谱 $U(f)$ 和 $V(f)$ 的乘积表示[8]

$$R_{uv}(f)=U(f)V(f) \tag{2-111}$$

易知：$U(f)=X(f+\alpha/2)$，$V(f)=X(f-\alpha/2)$，其中 $X(f)$ 为信号 $x(t)$ 的频谱。

考虑到实际情况，先对信号 $x(t)$ 作时间长度为 T 的傅里叶变换，并且令中心时间为 t，则有

$$X_T(t,f)=\int_{t-T/2}^{t+T/2}x(u)\mathrm{e}^{-\mathrm{j}2\pi fu}\mathrm{d}u \tag{2-112}$$

式（2–112）相当于 $x(t)$ 通过一个特性为 $\sin c$ 函数的窄带滤波器后的输出。该滤波器的中心频率为 f，带宽为 $1/T$。将 $X_T(t,f)$ 频移 $\pm\alpha/2$ 后，得到窗宽有限时 $U(f)$ 和 $V(f)$ 的时变谱，即

$$\begin{cases}\dfrac{1}{\sqrt{T}}V_T(t,f)=\dfrac{1}{\sqrt{T}}X_T(t,f+\alpha/2)\\ \dfrac{1}{\sqrt{T}}U_T(t,f)=\dfrac{1}{\sqrt{T}}X_T(t,f-\alpha/2)\end{cases} \tag{2-113}$$

式（2–113）中乘以因子 $1/\sqrt{T}$ 目的是对窗宽 T 归一化。

由于 $x(t)$ 时间无限，所以，$U_T(t,f)$ 和 $V_T(t,f)$ 是时间无限的，它们的互相关谱只能用有限窗宽作平均处理。设 T_1 为窗宽，则有

$$S_{uvT}\left(t,f\right)_{T_1}=\frac{1}{T_1}\int_{-T_1/2}^{T_1/2}\frac{1}{T}U_T\left(t+s,f\right)V_T^*\left(t+s,f\right)\mathrm{d}s \tag{2-114}$$

因此，有

$$S_x^{\alpha}\left(f\right)=S_{uv}\left(f\right)=\lim_{T_1\to\infty}\lim_{T\to\infty}S_{uv,T}\left(t,f\right)_{T_1} \tag{2-115}$$

循环谱密度函数 $S_x^{\alpha}(f)$ 称为谱相关密度函数，由于它表示循环平稳信号 $x(t)$ 的频谱中某频率 f 的循环谱密度值，可用 f 上下各间隔 $\alpha/2$ 的谱分量求互相关得到。所以，还可以对 $S_x^{\alpha}(f)$ 进行归一化处理，得到

$$\rho_x^{\alpha}(f)=\frac{S_{uv}(f)}{\sqrt{S_u(f)S_v(f)}}=\frac{S_x^{\alpha}(f)}{\sqrt{S_x^{\alpha}(f+\alpha/2)S_x^{\alpha}(f-\alpha/2)}} \tag{2-116}$$

称作谱相关系数。

2.4.2 高阶循环统计量

在二阶循环平稳特性中，功率谱和自相关函数只能用于零均值平稳高斯过程的确认，对于非高斯过程则无法确认；同时功率谱估计对最小方差的优化准则使得算法过程中丢失了相位信息，并且只有当信号是最小相位时才能恢复出来。鉴于二阶循环平稳性在实际应用中暴露出来的这些不足，人们相继研究出了高阶循环平稳性。利用信号的高阶循环平稳特性可以求得实际相位和幅值，从而显现出高斯和非高斯的一些重要信息。循环平稳信号的高阶统计量包括时变矩、时变累积量、循环矩和循环累积量等[29]。

1. 时变矩与时变累积量的定义

循环平稳信号的矩和累积量都是时间的函数，它们是时变的。通常分别简称它们为时变矩和时变累积量。本节使用时变数学期望来定义时变矩和时变累积量。

n 阶时变矩的定义：若 $x(t)$ 为循环平稳信号，则 $x(t)$ 的 n 阶滞后积的期望值称为 n 阶时变矩[26]，即

$$m_{nx}(t;\tau)=E\left\{\prod_{j=1}^{n-1}x(t+\tau_j)\right\} \quad (2\text{–}117)$$

式中，τ_0 通常约定为 0。

根据定义，二阶时变矩函数由 $m_{2x}(t;\tau)=E\{x(t)x(t+\tau)\}$ 给出，常称之为时变自相关函数，并记作 $R_x(t;t)$。

n 阶时变累积量定义[26]：若 $x(t)$ 为循环平稳信号，则 $x(t)$ 的 n 阶时变累积量定义为

$$c_{nx}(t;\tau)=\text{cum}[x(t),x(t+\tau_1),\cdots,x(t+\tau_{n-1})] \quad (2\text{–}118)$$

式中 $\text{cum}[\cdots]$ 表示特征函数 $\ln E\left\{\mathrm{e}^{\mathrm{j}[x(t)u_0+x(t+\tau_1)u_1+\cdots+x(t+\tau_{n-1})u_{n-1}]}\right\}$ 围绕原点的泰勒级数展开式中 $(-j)^n u_0\cdots u_{n-1}$ 项的系数。

当 $x(t)$ 是一个平稳信号时，式（2–118）的左边退化为时不变的累积量 $c_{nc}(\tau)$。由于循环平稳过程的时变累积量与平稳过程的（时不变）累积量定义形式完全相同，所以除了时变累积量同时是时间和滞后的函数，而累积量只是滞后的函数这一区别外，两者具有相同的性质和转换公式。

2. 时变矩与时变累积量的性质

令 $x_1=x(t),x_2=x(t+\tau_2),\cdots,x_n=x(t+\tau_{n-1})$，循环平稳过程的时变累积量具有以下重要性质。

性质 1：设 $\lambda_i=(i=1,2,\cdots,n)$ 为常数，有

$$\text{cum}(t,\lambda_1x_1,\cdots,\lambda_nx_n)=(\prod_{i=1}^{n}\lambda_n)\text{cum}(t,x_1,\cdots,x_n) \quad (2\text{–}119)$$

性质 2：时变累积量关于它们的变元是对称的，即

$$\text{cum}(t,x_1,\cdots,x_n)=\text{cum}(t,x_{i1},\cdots,x_{in}) \quad (2\text{–}120)$$

式中，$(i_1,\cdots,i_n)$ 是 $(1,\cdots,n)$ 的任意一种排列。

性质 3：时变累积量相对其变元具有可加性，即

$$\text{cum}(t,x_1+y_1,x_2,\cdots,x_n)=\text{cum}(t,x_1,x_2,\cdots,x_n)+\text{cum}(t,y_1,x_2,\cdots,x_n) \quad (2\text{–}121)$$

性质 4：如果随机变量 $\{x_i\}$ 与随机变量 $\{y_i\},i=1,\cdots,n$ 独立，则

$$\text{cum}(t,x_1+y_1,\cdots,x_n+y_n)=\text{cum}(t,x_1,\cdots,x_n)+\text{cum}(t,y_1,\cdots,y_n) \quad (2\text{–}122)$$

性质 5：若 a 为常数，则

$$\operatorname{cum}(t, a+x_1, \cdots, x_n) = \operatorname{cum}(t, x_1, \cdots, x_n) \tag{2-123}$$

性质 6：如果 $\{x_i\}\{i=1,\cdots,n\}$ 的一个子集同其他部分独立，则

$$\operatorname{cum}(t, x_1, \cdots, x_n) = 0 \tag{2-124}$$

3. 时变矩与时变累积量的应用

假定 $x(t)$ 为循环平稳信号，$n(t)$ 为加性高斯（平稳或非平稳）有色噪声，且令 $x(t)$ 和 $n(t)$ 统计独立。由于任何一个高斯过程的时变高阶累积量恒等于零，所以 $y(t)=x(t)+n(t)$ 的时变高阶累积量恒等于信号 $x(t)$ 的时变高阶累积量，即有

$$\begin{aligned} c_{ky}(t;\tau_1,\cdots,\tau_{n-1}) &= c_{nx}(t;\tau_1,\cdots,\tau_{n-1}) + c_{nm}(t;\tau_1,\cdots,\tau_{n-1}) \\ &= c_{nx}(t;\tau_1,\cdots,\tau_{n-1}), \quad n \geqslant 3 \end{aligned} \tag{2-125}$$

若 $n(t)$ 为平稳的非高斯噪声过程，则

$$\begin{aligned} c_{ny}(t;\tau_1,\cdots,\tau_{n-1}) &= c_{nx}(t;\tau_1,\cdots,\tau_{n-1}) + c_{nm}(t;\tau_1,\cdots,\tau_{n-1}) \\ &= c_{nx}(t;\tau_1,\cdots,\tau_{n-1}) \quad n \geqslant 3 \end{aligned} \tag{2-126}$$

式（2-125）和式（2-126）说明，时变高阶累积量虽然从理论上能够完全抑制加性平稳或非平稳高斯有色噪声，但是却不能够抑制非高斯噪声。

在理论和应用上，除了时变累积量的上述性质非常有用外，时变矩和时变累积量之间的转换公式也是极为有用的。

4. 时变矩 - 时变累积量转换公式

$$c_{nx}(t;\tau) = \sum_{U_{p=1}^{q} I_p = 1} \left[(-1)^{q-1}(q-1)! \prod_{p=1}^{q} m_{n_p} x(t;\tau_{I_p}) \right] \tag{2-127}$$

式中，$\sum_{U_{p=1}^{q} I_p = 1}$ 表示在指数符集 $I=\{0,2,\cdots,n-1\}$ 的所有无交连的非空集合分割 $(1\leqslant q\leqslant n)$ 内的求和；而 $n_p=|I_p|$ 表示分割 I_p 中的元素个数，且

$$m_{n_p,n}(t;\tau_{I_p}) = E\left\{ \prod_{i\in I_p} x(t+\tau_i) \right\} \tag{2-128}$$

其中，$\boldsymbol{\tau}_{I_p}$ 为一滞后向量。

由式（2-127）有 $c_{2x}(t;\tau)=E\{[x(t)-m_x][x(t+\tau)-m_x]\}$，故一阶时变累积量也称时变协方差函数。

5. 时变累积量－时变矩转换公式

$$m_{nx}(t;\tau)=\sum_{U_{p=1}^{q}I_p=1}\left[\prod_{p=1}^{q}c_{n_p},_x(t;\tau_{I_p})\right] \tag{2-129}$$

现在以$n=3$为例说明时变矩－时变累积量转换公式（2–109）的应用。此时，$I=\{0,1,2\}$。对于$q=1$，只有一种集合分割$\{(0,1,2)\}$；若$q=2$，则有三种分割$\{(0,1),(2)\},\{(1,2),(0)\},\{(2,0),(1)\}$；而当$q=3$时，也只有一种分割$\{(0),(1),(2)\}$，于是可以得出

$$\begin{aligned}c_{3x}(t;\tau_1,\tau_2)=m_{3x}(t;\tau_1,\tau_2)-&\\2m_{2x}(t;\tau_1)m_{1x}(t+\tau_2)-&\\2m_{2x}(t+\tau_1;\tau_2-\tau_1)m_{1x}(t)-&\\2m_{2x}(t;\tau_2)m_{1x}(t+\tau_1)+&\\m_{1x}(t)m_{1x}(t+\tau_1)m_{1x}(t+\tau_2)&\end{aligned} \tag{2-130}$$

如果$x(t)$是一个零均值信号，则由式（2–130）容易得到以下重要关系式：

$$c_{2x}(t;\tau)=m_{2x}(t;\tau) \tag{2-131}$$

$$c_{3x}(t;\tau_1,\tau_2)=m_{3x}(t;\tau_1,\tau_2) \tag{2-132}$$

和

$$\begin{aligned}c_{4x}(t;\tau_1,\tau_2,\tau_3)=m_{4x}(t;\tau_1,\tau_2,\tau_3)-&\\m_{2x}(t;\tau_1)m_{2x}(t+\tau_2;\tau_3-\tau_2)-&\\m_{2x}(t;\tau_2)m_{2x}(t+\tau_3;\tau_1-\tau_3)-&\\m_{2x}(t;\tau_3)m_{2x}(t+\tau_1;\tau_2-\tau_1)&\end{aligned} \tag{2-133}$$

这就是说，对于零均值的循环平稳信号$x(t)$，其二阶时变矩、时变自相关函数、二阶时变累积量和时变协方差函数四者完全相同，统一称之为时变自相关函数。另外，三阶时变矩与三阶时变累积量恒等。但是，四阶及更高阶的时变矩与时变累积量不相等。

6. 循环矩

对于固定的滞后$\tau_1,\cdots,\tau_{n-1}$，如果n阶时变矩$m_{nx}(t;\tau)$存在一个相对t的 Fourier 级数展开，则

$$m_{nx}(t,\tau_1,\cdots,\tau_{n-1})=\sum_{\alpha\in A_n^m}m_{nx}^{\alpha}(\tau_1,\cdots,\tau_{n-1})\mathrm{e}^{\mathrm{j}2\pi\alpha t} \tag{2-134}$$

其中，$m_{nx}^{\alpha}(\tau_1,\cdots,\tau_{n-1})=\lim\limits_{T\to\infty}\dfrac{1}{T}\sum\limits_{t=0}^{T-1}m_{nx}(t;\tau_1,\cdots,\tau_{n-1})\mathrm{e}^{-\mathrm{j}\alpha t}=\left\langle m_{nx}(t;\tau)\mathrm{e}^{-\mathrm{j}\alpha t}\right\rangle_t$。

傅里叶系数$M_{nx}^{\alpha}\left(\tau_1,\cdots,\tau_{n-1}\right)$称为信号$x(t)$在循环频率$\alpha$的$n$阶循环矩[26]；$A_n^m$称为相对于$n$阶循环矩的循环频率集，它是可数的，定义为

$$A_n^m=\left\{\alpha: M_{nx}^{\alpha}\left(\tau_1,\cdots,\tau_{n-1}\right)\neq 0,0\leqslant \alpha<2\pi\right\} \tag{2-135}$$

7. 循环累积量

对于固定的滞后$\tau_1,\cdots,\tau_{n-1}$，如果n阶时变累积量$c_{nx}\left(t;\tau\right)$存在一个相对$t$的傅里叶级数展开，则

$$c_{nx}\left(t;\tau_1,\cdots,\tau_{n-1}\right)=\sum_{\alpha\in A_n^m} C_{nx}^{\alpha}\left(\tau_1,\cdots,\tau_{n-1}\right)\mathrm{e}^{\mathrm{j}\alpha t} \tag{2-136}$$

其中，$C_{nx}^{\alpha}\left(\tau_1,\cdots,\tau_{n-1}\right)=\lim\limits_{T\to\infty}\dfrac{1}{T}\sum\limits_{t=0}^{T-1}c_{nx}\left(t;\tau_1,\cdots,\tau_{n-1}\right)\mathrm{e}^{-\mathrm{j}\alpha t}=\left\langle c_{nx}\left(t;\tau\right)\mathrm{e}^{-\mathrm{j}\alpha t}\right\rangle_t$。

傅里叶系数$C_{nx}^{\alpha}\left(\tau_1,\cdots,\tau_{n-1}\right)$称为信号$x(t)$在循环频率$\alpha$的$n$阶循环累积量[26]；$A_n^m$称为相对于$n$阶循环累积量的循环频率集，它是可数的，定义为

$$A_n^m=\left\{\alpha: C_{nx}^{\alpha}\left(\tau_1,\cdots,\tau_{n-1}\right)\neq 0,0\leqslant \alpha<2\pi\right\} \tag{2-137}$$

8. 循环累积量谱

假设循环平稳信号$x(t)$的时变相关函数表达式如下

$$R(t+T_0,\tau)=E\left[x(t+T_0)x^*(t+T_0-\tau)\right] \tag{2-138}$$

式中，E为数学期望；T_0为时变函数的周期。

$$R^{\alpha}(\tau)=\mathop{lim}_{T\to\infty}\frac{1}{T}\int_{-T/2}^{T/2}x(t-\frac{\tau}{2})x(t+\frac{\tau}{2})e^{-\mathrm{j}2\pi\alpha t}\mathrm{d}t \tag{2-139}$$

其中，$R^{\alpha}(\tau)$为循环自相关函数；α为循环频率。
对上式进行傅里叶变换，即可得谱相关密度为

$$S_x^{\alpha}(f)=\int_{-\infty}^{\infty}R^{\alpha}(\tau)e^{-\mathrm{j}2\pi f\tau}d\tau\approx\frac{1}{T}X_T(f-\frac{\alpha}{2})X_T^{*}(f+\frac{\alpha}{2}) \tag{2-140}$$

定义谱相干函数的表达式为

$$\rho_x^{\alpha}(f)=\frac{S_x^{\alpha}(f)}{S_x(f)S(f+\dfrac{\alpha}{2})} \tag{2-141}$$

由$X_T(f-\dfrac{\alpha}{2})$和$X_T^{*}(f+\dfrac{\alpha}{2})$的相关关系，则$\rho_x^{\alpha}(f)$不为零，但当它们之间没有相关关系时$\rho_x^{\alpha}(f)$就为零。对于满足混合条件的

$$\sum_{\tau_1=-\infty}^{\infty}\cdots\sum_{\tau_{n-1}=-\infty}^{\infty}\left|m_{nx}(t,\tau_1,\cdots,\tau_{n-1})\right|<\infty \tag{2-142}$$

$$\sum_{\tau_1=-\infty}^{\infty}\cdots\sum_{\tau_{n-1}=-\infty}^{\infty}\left|c_{nx}(t,\tau_1,\cdots,\tau_{n-1})\right|<\infty \tag{2-143}$$

对应的n阶循环累积量谱可表示为

$$S_{nx}^{\alpha}(f_1,f_2,\cdots,f_{n-1})=\sum_{\tau_1=-\infty}^{\infty}\cdots\sum_{\tau_{n-1}=-\infty}^{\infty}c_{nx}^{\alpha}(\tau_1,\cdots,\tau_{n-1})\,\mathrm{e}^{-\mathrm{j}2\pi(f_1\tau_1+\cdots+f_{n-1}\tau_{n-1})} \tag{2-144}$$

对上式进行二维离散傅里叶变换，可得

$$S_{3x}^{\alpha}(f_1,f_2)=\sum_{\tau_1=-\infty}^{\infty}\sum_{\tau_2=-\infty}^{\infty}c_{3x}^{\alpha}(\tau_1,\tau_2)\,\mathrm{e}^{-\mathrm{j}2\pi(f_1\tau_1+f_2\tau_2)} \tag{2-145}$$

$$S_{4x}^{\alpha}(f_1,f_2,f_3)=\sum_{\tau_1=-\infty}^{\infty}\sum_{\tau_2=-\infty}^{\infty}\sum_{\tau_3=-\infty}^{\infty}c_{4x}^{\alpha}(\tau_1,\tau_2,\tau_3)\,\mathrm{e}^{-\mathrm{j}2\pi(f_1\tau_1+f_2\tau_2+f_3\tau_3)} \tag{2-146}$$

在信号与信息处理中，使用高阶循环累积量谱可以抑制任何高斯噪声、非高斯噪声及非平稳的高斯噪声，并且能够恢复时变相位信息和表征非线性。

2.5 循环平稳理论的盲源分离

循环平稳理论是非平稳信号研究与应用领域的一种具有鲜明特性的研究方法，其研究对象是统计特性为时间上的周期函数的一大类非平稳信号，是在循环频率滞后平面上进行的。从功率谱的结构上来看，循环平稳信号统计特性的周期性使得这类信号都具有谱相关和谱冗余特性，这使得将循环平稳信号与其他非循环平稳信号相分离比较容易；其他非平稳信号的时变统计量必须要用信号的多次观测记录进行估计，循环统计量却可以从信号的单次观测中得到估计，而且还可以同时获得时变统计量；循环累积量可以抑制任何平稳的有色噪声，高阶循环累积量还可以抑制非平稳的高斯有色噪声，使得盲源分离算法的抗噪能力大大提高；充分利用了处理对象本身所具有的循环平稳统计特性，有些算法只用低阶循环统计量就可以达到很好的分离效果，使算法具有较低的计算量。

由于循环平稳理论具有上述优点，使得循环平稳理论得以不断发展和应用。因此，基于循环平稳理论的盲源分离算法的研究具有非常重要的意义。

循环平稳理论的盲源分离模型如图 2–3 所示。

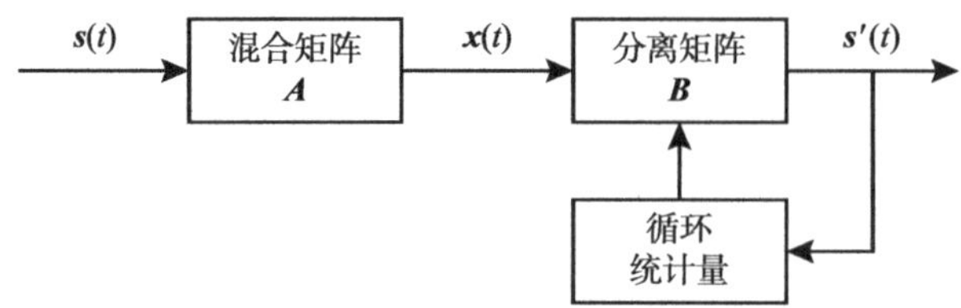

图 2-3 循环平稳理论的盲源分离模型

传统的盲源分离算法的目标就是通过相应的算法使代价函数最小化，从而使通过分离矩阵 $\boldsymbol{B}$ 的观测信号实现分离，获得与源信号接近的分离信号。

而根据循环平稳理论，利用循环统计量实现对分离矩阵 $\boldsymbol{B}$ 的步长控制，从而实现对接收到的混合信号的提取。

由于实际的通信信号大都具有循环平稳性，基于循环平稳理论的盲源分离问题更接近于信号的本质，所以利用信号循环平稳特性的盲源分离方法具有很好的噪声和干扰抑制能力，并且能保留信号的相位信息。循环平稳信号的统计特征具有周期性，利用这种周期性可作为信号盲源分离的基础。

基于循环平稳性的盲源分离算法会比常规的盲源分离算法抗干扰性能更好、收敛速度更快。能够有效提高盲源分离的效果，降低计算量，提高其实用性。

2.6 小 结

本章简要阐述了线性混合盲源分离的数学模型、独立性判据、常用算法以及性能评判方法；详细介绍了循环平稳理论的定义及其特点，阐述了谱相关理论、一阶循环平稳信号、二阶循环平稳信号、谱相关密度函数以及时变矩与时变累积量等内容，指出对于不具有循环平稳特性的信号通过某种变化可以使其转化为具有循环统计特性的信号；分析了盲源分离算法的原理，提出将循环平稳统计量用于控制分离矩阵，通过循环平稳分离矩阵抑制非平稳噪声，从而实现混合信号的有效分离的方法。

参考文献

[1] H，J. K，E. O. Independent Component Analysis [M]. New York：John Wiley and Sons，2001.

[2] 杨福生，洪波. 独立分量分析的原理与应用 [M]. 北京：清华大学出版社，2006.

[3] H. H. Yang，S.-I. Amari. Adaptive on-line learning algorithm for blind separation [J]. Maximum entropy and minimum mutual information. Neural Computation，1997，9 (7)：1457-1482.

[4] J.-F. Cardoso. Infomax and maximum likelihood for source separation [J]. IEEE Letters on Signal Processing，1997，4 (4)：112-114.

[5] J.-F. Cardoso. High-order contrasts for independent component analysis [J]. Neural Computation，1999，11 (1)：157-192.

[6] N. Delfosse，P. Loubaton. Adaptive blind separation of independent sources [J]. A deflation approach. Signal Processing，1995，45 (1)：59-83.

[7] Comon P .Independent component analysis，A new concept? [J]. Signal Processing，1994，36 (3)：287-314.

[8] A. Hyvarinen. New approximations of differential entropy for independent component analysis and projection pursuit [J]. Advances in Neural Information Processing Systems 10，1998：273-279.

[9] S. Amari，A. Cichocki，H. H. Yang，A New Learning Algorithm for Blind Signal Separation [J]. Advances in Neural Information Processing Systems 8，1996：757-763.

[10] S.-I. Amari. Natural gradient works efficiently in learning [J]. Neural Computation，1998，10 (2)：251-276.

[11] A. Cichocki，R. Unbehauen，E. Rummert. Robust learning algorithm for blind separation of signal [J]. Electronics Letters，1994，30 (17)：1386-1387.

[12] A. Hyvarinen，E. Oja. A fast fixed-point algorithm for independent component analysis [J]. Neural Computation，1997，9 (7)：1483-1492.

[13] A. Hyvarinen. Fast and robust fixed-point algorithms for independent component analysis [J]. IEEE Transactions on Neural Networks，1999，10 (3)：626-634.

[14] J.-F. Cardoso，A. Souloumiac. Blind beamforming for non Gaussian signals [J]. IEE Proceedings F Radar and Signal Processing，1993，140 (6)：362-370.

[15] L. Tong，R. W. Liu，V. C. Soon，et al. Indeterminacy and identifiability of blind identification [J]. IEEE Transactions on Circuits and Systems，1991，38 (5)：499-509.

[16] A. Yeredor. Blind separation of Gaussian sources via second-order statistics with asymptotically optimal weighting [J]. IEEE Signal Processing Letters，2000，7 (7)：197-120.

[17] J. V. Stone. Blind source separation using temporal predictability[J]. Neural Computation，2001，13(7)：1559-1574.

[18] 陈雷. 基于群智能优化方法的盲信号分离算法研究 [D]. 天津：天津大学博士学位论文，2011.

[19] Liu Hongyan，Zhao Jumin，Li Dengao. Single Guide League Ventricular Late Potentials Extraction Based

on Signal Correlation [J]. Journal of Information and Computational Science. 2013, 10 (14): 4673–4680.

[20] VAY C, RIETA J J, S NCHEZ C, et al. Convolutive blind source separation algorithms applied to the electrocardiogram of atrial fibrillation: study on performance [J]. IEEE Transactions on Biomedical Engineering, 2007, 54 (8): 1530–1533.

[21] Li Dengao, Zhang Yue, Zhao Jumin, et al. ECG Extraction Based on Negentropy–maxization FastICA Algorithm [J]. Journal of Computational Information Systems, 2012, 8 (18): 7493–7500.

[22] Bell A. J, Sejnowski T. J. An information–maximization approach to blind separation and blind deconvolution [J]. Neural Computation, 1995, 7 (6): 1129–1159.

[23] S.-I. Amari, A. Cichocki, H. H. Yang. A new learning algorithm for blind signal separation [J]. Advances in Neural Information Processing Systems 8, MIT Press, Cambridge MA, 1996, 8: 757–763.

[24] J.-F. Cardoso, B. H. Laheld. Equivariant adaptive source separation [J]. IEEE Transactions on Signal Processing, 1996, 44 (12): 3017–3030.

[25] C. Jutten, J. Herault. Blind separation of sources, part Ⅰ: An adaptive algorithm based on neuromimetic architecture [J]. Signal Processing, 1991, 24 (1): 1–10.

[26] Gardner W. A, Antonio Napolitano. Review Cyclostationarity: Half a century of research [J]. Signal Processing, 2006, 86: 639–697.

[27] 张贤达，保铮. 非平稳信号分析与处理 [M]. 北京：国防工业出版社，1998.

[28] 黄知涛，周一宇，姜文利. 循环平稳信号处理与应用 [M]. 北京：科学出版社，2006.

[29] 李灯熬. 基于循环平稳理论的盲源分离算法 [D]. 太原：太原理工大学博士学位论文，2010.

[30] 陈琛. 基于自然梯度算法的变步长盲源分离 [D]. 太原：太原理工大学博士学位论文，2012.

第 3 章

基于循环平稳度的盲源分离算法

循环平稳度（Degree of Cyclostationarity，DCS）的概念由 Gardner[1] 于 1991 年提出，用以度量信号在循环频率 α 处的循环平稳程度。DCS 的值越大表明信号在此循环频率处的循环平稳程度越强。

Giannakis 等[2] 于 1987 年将三阶累积量引入盲源分离问题，意味着高阶累积量实现盲源分离算法具有可行性，但该算法也有其不完善之处，即需要穷举搜索计算。

首先，以二阶循环平稳度作为分离准则进行盲源分离，能够实现对于含有循环平稳信号的混合信号源的有效分离。其次，把循环平稳度的概念扩展到高阶循环平稳信号的应用中，提出了基于三阶循环平稳度准则的盲源分离算法。本算法可以在复杂噪声的情况下有效分离混合在一起的平稳信号和循环平稳信号。仿真结果表明该算法能够抑制混合信号中的强噪声，算法简单，实时性好。

3.1 二阶循环平稳度分离准则

3.1.1 二阶循环统计量

统计特性呈周期或者多周期（各周期不能通约）平稳变化的过程通常称为循环平稳（cyclostationary，CS）过程[3]。

二阶循环平稳信号的自相关函数定义为

$$R_x(t,t-\tau)=R_x(t,\tau)=E\{\boldsymbol{x}(t)\boldsymbol{x}(t-\tau)\} \tag{3-1}$$

根据循环平稳信号的定义，对时间变量 t 来说，可以把变量时延 τ 为一个确定的常数，信号的自相关函数是关于时间 t 的周期函数，最小周期为 T，即

$$R_x(t,\tau)=R_x(t+kT,\tau)\quad k=0,1,2\cdots \tag{3-2}$$

式（3-2）的函数具有周期性，所以可以用傅里叶级数展开它，得到

$$R_x(t,\tau)=\sum_{m=-\infty}^{\infty}R_x^{\alpha}(\tau)\mathrm{e}^{\mathrm{j}\frac{2\pi}{T_0}mt}=\sum_{m=-\infty}^{\infty}R_x^{\alpha}(\tau)\mathrm{e}^{\mathrm{j}2\pi\alpha t} \tag{3-3}$$

式中，$\alpha=m/T_0$，且傅里叶系数

$$R_x^{\alpha}(\tau)=\frac{1}{T_0}\int_{-T_0/2}^{T_0/2}R_x(t,\tau)\mathrm{e}^{-\mathrm{j}2\pi\alpha t}\mathrm{d}t \tag{3-4}$$

在实际的应用中，常将复信号延迟乘积的二次变换取对称形式，即

$$R_x(\tau)=\boldsymbol{x}(t-\tau/2)\boldsymbol{x}^*(t+\tau/2) \tag{3-5}$$

循环相关函数可以表示为

$$R_x^{\alpha}(\tau)=\left\langle \boldsymbol{x}(t+\tau/2)\boldsymbol{x}^*(t-\tau/2)\mathrm{e}^{-\mathrm{j}2\pi\alpha t}\right\rangle_t \tag{3-6}$$

3.1.2 二阶循环平稳度准则

1. 循环平稳度的定义

对于循环平稳过程而言，一个已知的循环平稳信号可能有多个循环频率 α，包括 α=0 和 $\alpha\neq0$。α=0 时，对应信号的平稳部分；$\alpha\neq0$ 时，才刻画信号的循环平稳性[4]。

循环平稳度是用以度量信号在循环频率 α 处的循环平稳程度。连续信号和数字信号的循环平稳度定义分别为[1，5]

$$\mathrm{DCS}^{\alpha}=\frac{\int_{-\infty}^{+\infty}\left|R_x^{\alpha}(\tau)\right|^2\mathrm{d}\tau}{\int_{-\infty}^{+\infty}\left|R_x^{0}(\tau)\right|^2\mathrm{d}\tau} \tag{3-7}$$

$$\mathrm{DCS}^{\alpha}=\frac{\sum_{\tau}\left|R_x^{\alpha}(\tau)\right|^2}{\sum_{\tau}\left|R_x^{0}(\tau)\right|^2} \tag{3-8}$$

DCS^{α} 的值界于［0，1］，当 $\alpha\neq0$ 时，DCS^{α} 的值越大反应信号在此循环频率处的循环平稳程度越强[6，7]。

2. 循环平稳度分离准则

由于多数通信信号在发送端进经过调制后具有循环平稳特性，而在信道中叠加的噪声不具有循环平稳特性。

定义一个函数$g(\theta)$，令

$$g(\theta)=\mathrm{DCS}^{\alpha}=\frac{\int_{-\infty}^{+\infty}\left|R_{s_1'}^{\alpha}(\tau)\right|^2\mathrm{d}\tau}{\int_{-\infty}^{+\infty}\left|R_{s_1'}^{0}(\tau)\right|^2\mathrm{d}\tau} \tag{3-9}$$

以$g(\theta)$作为分离准则，求$g(\theta)$的极大值，就能够保证从接收到的混合信号中有效地分离出循环平稳信号。

3.2 基于二阶循环统计量的 DCS 盲源分离算法

二阶循环统计量的信号处理主要利用了循环平稳信号的两个重要性质[7]。

1）循环相关性：循环平稳信号经频移后与原信号相关（频移量等于循环频率）。这种相关性在频域的相应表现是：间隔一定量的两个频谱分量是相关的（间隔量等于循环频率），所以循环相关性有时也被称为谱相关性或谱冗余性。码间干扰和加性噪声一般不具有这种相关性，因此在做循环相关或谱相关时，码间干扰和加性噪声将被滤除。

2）循环相关和谱相关保留信号的相位信息：与一般平稳过程的二阶统计量不同，它们可以保留信号的相位信息，这对于系统辨识和参数估计是极为有利的。虽然，高阶累积量也有这种性质，但是毕竟循环相关和谱相关是二阶的，它们具有运算简单等优点。

循环统计量是研究循环平稳随机过程的主要工具，本节侧重于利用二阶循环平稳度准则进行盲源分离。

3.2.1 基于循环平稳理论的盲源分离原理

盲源分离是指对未知系统，在其源信号完全未知或只有很少先验知识的情况下，仅根据传感器观测到的若干混合信号恢复出原始信号的方法[8]。

基于二阶循环平稳度的盲源分离原理框图如图 3–1 所示：

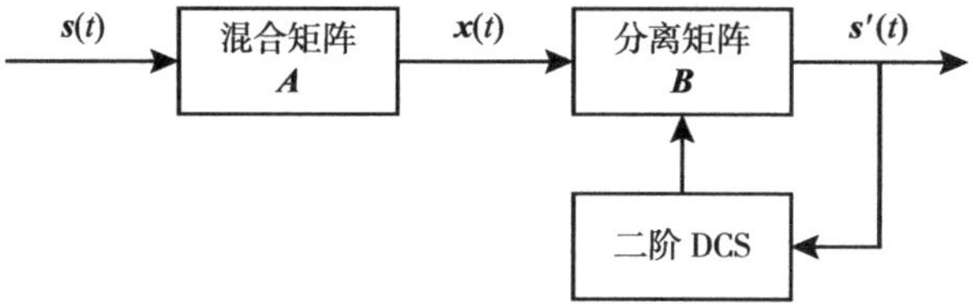

图 3-1 基于二阶 DCS 的盲源分离原理框图

图 3-1 中，$\boldsymbol{s}(t)$是源信号，$\boldsymbol{A}$是混合矩阵，$\boldsymbol{x}(t)$是混合后得到的信号，$\boldsymbol{B}$是分离矩阵，$\boldsymbol{s}'(t)$是分离后得到的信号。

在不考虑噪声的情况下，用矢量和矩阵表示为

$$\boldsymbol{x}(t)=\boldsymbol{A}\boldsymbol{s}(t) \tag{3-10}$$

$$\boldsymbol{s}'(t)=\boldsymbol{B}\boldsymbol{x}(t)=\boldsymbol{B}\boldsymbol{A}\boldsymbol{s}(t) \tag{3-11}$$

设混合矩阵为

$$\boldsymbol{A}=\begin{pmatrix} a_{11} & a_{12} \\ a_{21} & a_{22} \end{pmatrix} \tag{3-12}$$

将式（3-12）代入式（3-10）得

$$\boldsymbol{x}(t)=\begin{pmatrix} x_1(t) \\ x_2(t) \end{pmatrix}=\boldsymbol{A}\boldsymbol{s}(t)=\begin{pmatrix} a_{11}s_1(t)+a_{12}s_2(t) \\ a_{21}s_1(t)+a_{22}s_2(t) \end{pmatrix} \tag{3-13}$$

令分离矩阵$\boldsymbol{B}$为旋转矩阵[9]，定义为

$$\boldsymbol{B}=\begin{pmatrix} \cos\theta & \sin\theta \\ -\sin\theta & \cos\theta \end{pmatrix} \tag{3-14}$$

将式（3-14）代入式（3-11）得

$$\boldsymbol{s}'(t)=\begin{pmatrix} \mathrm{s}_1'(t) \\ \mathrm{s}_2'(t) \end{pmatrix}=\boldsymbol{B}\boldsymbol{x}(t)=\begin{pmatrix} \cos\theta & \sin\theta \\ -\sin\theta & \cos\theta \end{pmatrix}\begin{pmatrix} x_1(t) \\ x_2(t) \end{pmatrix} \tag{3-15}$$

由式（3-13）和式（3-15）得

$$\begin{aligned} \boldsymbol{s}'(t)&=\begin{pmatrix} \mathrm{s}_1'(t) \\ \mathrm{s}_2'(t) \end{pmatrix}=\boldsymbol{B}\boldsymbol{A}\boldsymbol{s}(t) \\ &=\begin{pmatrix} a_{11}\cos\theta+a_{21}\sin\theta & a_{12}\cos\theta+a_{22}\sin\theta \\ -a_{11}\sin\theta+a_{21}\cos\theta & -a_{12}\sin\theta+a_{22}\cos\theta \end{pmatrix}\begin{pmatrix} s_1(t) \\ s_2(t) \end{pmatrix} \end{aligned} \tag{3-16}$$

首先取其中一路分离信号$s_1'(t)$进行分析，由于全局矩阵是旋转角θ的函数，令

$$a(\theta)=(a_{11}\cos\theta+a_{21}\sin\theta) \tag{3-17}$$

$$b(\theta)=(a_{12}\cos\theta+a_{22}\sin\theta) \tag{3-18}$$

其中，系数$a(\theta)$和$b(\theta)$由旋转角 θ决定。

假设源信号$\mathbf{s}(t)$由两个相互独立的$s_1(t)$和$s_2(t)$组成，设$s_1(t)$是循环平稳信号，$s_2(t)$是平稳信号，即$s_2(t)$的循环频率为零，且$s_1(t)$和$s_2(t)$相互独立。

由式（3–16）得盲源分离后的$\mathbf{s}'(t)$可表示成下式

$$s_1'(t)=a(\theta)s_1(t)+b(\theta)s_2(t) \tag{3-19}$$

其中，$a(\theta)$和$b(\theta)$是旋转角 θ的函数。

分离后有用信号$s_1'(t)$在循环频率不为零处的自相关函数为

$$\begin{aligned}R_{s_1'}^{\alpha}&=\left\langle y_1(t)s_1'(t-\tau)\mathrm{e}^{-\mathrm{j}2\pi\alpha t}\right\rangle_t\\&=\left\langle\left(a(\theta)s_1(t)+b(\theta)s_2(t)\right)\times a(\theta)s_1(t-\tau)+b(\theta)s_2(t-\tau)\mathrm{e}^{-\mathrm{j}2\pi\alpha t}\right\rangle_t\\&=a^2(\theta)R_{s_1}^{\alpha}(\tau)+b^2(\theta)R_{s_2}^{\alpha}(\tau)+a(\theta)b(\theta)R_{s_1s_2}^{\alpha}(\tau)+a(\theta)b(\theta)R_{s_2s_1}^{\alpha}(\tau)\end{aligned} \tag{3-20}$$

同理，$s_1'(t)$在循环频率为零处的自相关函数为

$$R_{s_1'}^{0}=a^2(\theta)R_{s_1}^{0}(\tau)+b^2(\theta)R_{s_2}^{0}(\tau)+a(\theta)b(\theta)R_{s_1s_2}^{0}(\tau)+a(\theta)b(\theta)R_{s_2s_1}^{0}(\tau) \tag{3-21}$$

根据假设，$s_1(t)$是循环平稳信号，$s_2(t)$是平稳信号，且与$s_1(t)$相互独立，即

$$R_{s_2s_1}^{\alpha}(\tau)=0 \tag{3-22}$$

$$R_{s_2}^{\alpha}(\tau)=0 \tag{3-23}$$

将式（3–22）和式（3–23）代入式（3–20）和式（3–21）得

$$\left|R_{s'_1}^{\alpha}(\tau)\right|=\left|a^2(\theta)R_{s_1}^{\alpha}(\tau)\right| \tag{3-24}$$

$$\left|R_{s_1'}^{0}(\tau)\right|=\left|a^2(\theta)R_{s_1}^{0}(\tau)+b^2(\theta)R_{s_2}^{0}(\tau)\right| \tag{3-25}$$

把式（3–24）和式（3–25）代入式（3–9）中得到

$$\begin{aligned}g(\theta)=\mathrm{DCS}&=\frac{\int_{-\infty}^{+\infty}\left|R_{s'_1}^{\alpha}(\tau)\right|^2\mathrm{d}\tau}{\int_{-\infty}^{+\infty}\left|R_{s'_1}^{\alpha}(\tau)\right|^2\mathrm{d}\tau}\\&=\frac{\int_{-\infty}^{+\infty}a^4(\theta)\left[R_{s'_1}^{\alpha}(\tau)\right]^2\mathrm{d}\tau}{\int_{-\infty}^{+\infty}\left\{a^4(\theta)\left[R_{s'_1}^{0}(\tau)\right]^2+b^2(\theta)\left[R_{s'_2}^{0}(\tau)\right]^2+2a^2(\theta)b^2(\theta)R_{s'_1}^{0}(\tau)R_{s'_2}^{0}(\tau)\right\}\mathrm{d}\tau}\end{aligned} \tag{3-26}$$

令

$$\theta_{i+1}=\mu+\theta_i \tag{3-27}$$

其中，μ是一个很小的旋转角。

通过旋转，直到达到$g(\theta)$的极大值，此时的θ即为所要求的最佳旋转角θ_{opt}。将θ_{opt}代入式（3–15）即可得到分离信号。

3.2.2 算法性能分析

下面证明算法的有效性：

由于$g(\theta)$是θ的函数，令

$\int_{-\infty}^{+\infty}\left[R_{s_1}^{\alpha}(\tau)\right]^2\mathrm{d}\tau=\xi_1$；$\int_{-\infty}^{+\infty}\left[R_{s_1}^{0}(\tau)\right]^2\mathrm{d}\tau=\xi_2$

$\int_{-\infty}^{+\infty}\left[R_{s_2}^{0}(\tau)\right]^2\mathrm{d}\tau=\xi_3$；$\int_{-\infty}^{+\infty}R_{s_1}^{0}(\tau)R_{s_2}^{0}(\tau)\mathrm{d}\tau=\xi_4$

那么，式（3–26）可写成

$$g(\theta)=\frac{\xi_1 a^4(\theta)}{\xi_2 a^4(\theta)+\xi_3 b^4(\theta)+2\xi_4 a^2(\theta)b^2(\theta)} \tag{3-28}$$

化简式（3–28）可得化简式（3–28）可得

$$g(\theta)=\frac{\xi_1}{\xi_2+\xi_3\dfrac{b^4(\theta)}{a^4(\theta)}+2\xi_4\dfrac{b^2(\theta)}{a^2(\theta)}} \tag{3-29}$$

为求$g(\theta)$的极值，先求$\dfrac{\mathrm{d}g(\theta)}{\mathrm{d}\theta}$：

$$\begin{aligned}\frac{\mathrm{d}g(\theta)}{\mathrm{d}\theta}=&\frac{4a^3(\theta)\xi_1\left[a^4(\theta)\xi_2+b^4(\theta)\xi_3+2a^2(\theta)b^2(\theta)\xi_4\right]}{\left[a^4(\theta)\xi_2+b^4(\theta)\xi_3+2a^2(\theta)b^2(\theta)\xi_4\right]^2}\frac{\mathrm{d}a(\theta)}{\mathrm{d}\theta}\\&-\frac{4a^4(\theta)\xi_1\left[a^3(\theta)\xi_2+a(\theta)b^2(\theta)\xi_4\right]\dfrac{\mathrm{d}a(\theta)}{\mathrm{d}\theta}}{\left[a^4(\theta)\xi_2+b^4(\theta)\xi_3+2a^2(\theta)b^2(\theta)\xi_4\right]^2}\\&-\frac{4a^4(\theta)\xi_1\left[b^3(\theta)\xi_3+a^2(\theta)b(\theta)\xi_4\right]\dfrac{\mathrm{d}b(\theta)}{\mathrm{d}\theta}}{\left[a^4(\theta)\xi_2+b^4(\theta)\xi_3+2a^2(\theta)b^2(\theta)\xi_4\right]^2}\\=&\frac{4a^3(\theta)b(\theta)\xi_1\left[b^3(\theta)\xi_3+a^2(\theta)b(\theta)\xi_4\right]\dfrac{\mathrm{d}a(\theta)}{\mathrm{d}\theta}}{\left[a^4(\theta)\xi_2+b^4(\theta)\xi_3+2a^2(\theta)b^2(\theta)\xi_4\right]^2}\end{aligned} \tag{3-30}$$

$$-\frac{4a^3(\theta)b(\theta)\xi_1\left[a(\theta)b^2(\theta)\xi_3+a^3(\theta)\xi_4\right]\frac{\mathrm{d}b(\theta)}{\mathrm{d}\theta}}{\left[a^4(\theta)\xi_2+b^4(\theta)\xi_3+2a^2(\theta)b^2(\theta)\xi_4\right]^2}$$

将$b(\theta_{opt})=0$代入$\frac{\mathrm{d}g(\theta)}{\mathrm{d}\theta}$中得到

$$\frac{\mathrm{d}g(\theta)}{\mathrm{d}\theta}\bigg|_{\theta=\theta_{opt}}=0 \tag{3-31}$$

式（3–31）表明：当$b(\theta_{opt})=0$时，$g(\theta_{opt})=\frac{\xi_1}{\xi_2}$取最大值，此时盲源分离效果最佳。也可以理解为当旋转到$\theta=\theta_{opt}$时，使得$\frac{\mathrm{d}g(\theta)}{\mathrm{d}\theta}\Big|_{\theta=\theta_{opt}}=0$时，盲源分离效果最佳。

3.2.3 计算机仿真

假设$s_1(t)$和$s_2(t)$分别如下

$$s_1(t)=\sin(2\pi 9t)\cos(2\pi 120t) \tag{3-32}$$

$$s_2(t)=n(t) \tag{3-33}$$

$s_1(t)$是循环平稳信号，$n(t)$即$s_2(t)$为高斯白噪声，均值均为 0，方差都为 1。源信号波形如图 3–2 所示。

假设混合矩阵为

$$\boldsymbol{A}=\begin{pmatrix}0.95 & 0.14\\ 0.03 & 1.12\end{pmatrix}$$

由式（3–10）可得混合信号$x_1(t)$和$x_2(t)$，如图 3–3 中（a）、（b）所示，从图中可以看出$x_1(t)$、$x_2(t)$与源信号$s_1(t)$、$s_2(t)$差异很大。

采用分离准则对$x_1(t)$、$x_2(t)$进行分离，得到分离后信号$s_1'(t)$和$s_2'(t)$如图 3–4 所示。

从图像上可以看出来$s_1'(t)$与$s_2(t)$、$s_2'(t)$与$s_1(t)$非常接近，说明以循环平稳度为准则进行盲源分离效果较好。

根据以上分析可知，以DCS^{α}作为分离循环平稳信号的准则，其算法简单，计算量小，误差小且分离效果好，与其他分离循环平稳信号的算法相比，具有很强的优越性。

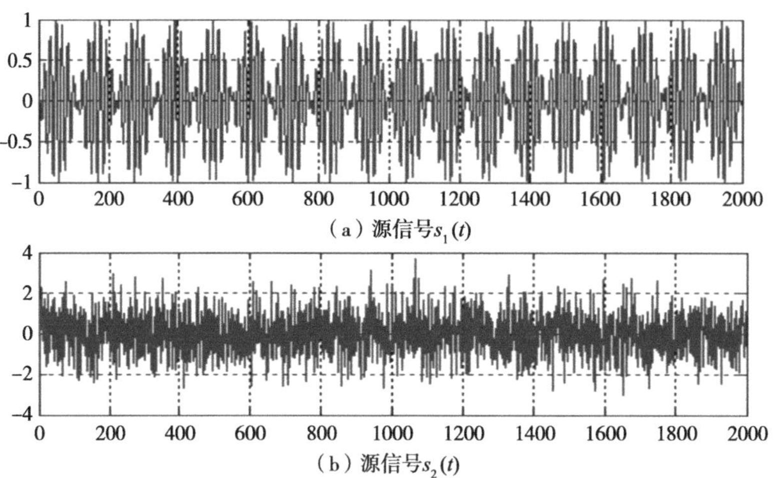
（a）源信号$s_1(t)$

（b）源信号$s_2(t)$

图 3-2　基于二阶 DCS 算法的源信号波形图

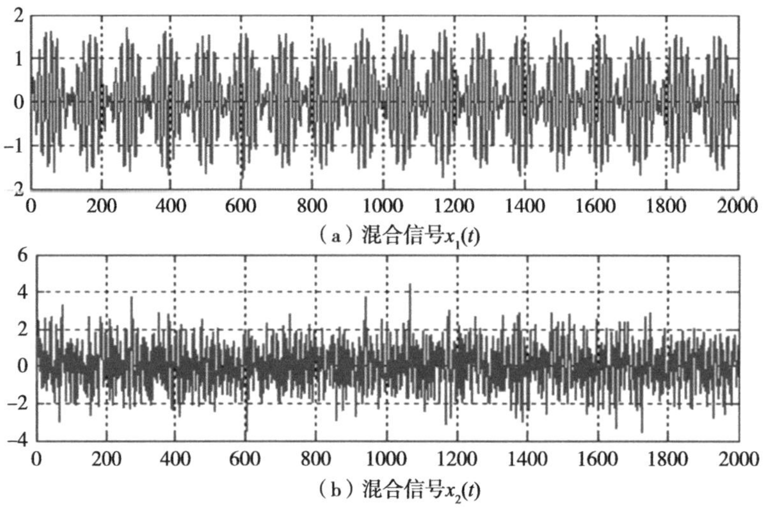
（a）混合信号$x_1(t)$

（b）混合信号$x_2(t)$

图 3-3　基于二阶 DCS 算法的混合信号波形图

为了定量地评价本算法的分离效果，采用分离信号与源信号的相似系数ξ_{ij}作为性能指标，取迭代次数为 2000 次，当$s_i' = cs_j$（c为常数）时，$\xi_{ij} = 1$；当s_i'与s_j互相独立时，$\xi_{ij} = 0$。

本算法的相似系数为$\xi = \begin{bmatrix} 0.003 & 1.002 \\ 1.07 & 0.005 \end{bmatrix}$。由此可见，本算法可以有效地实现信号分离。

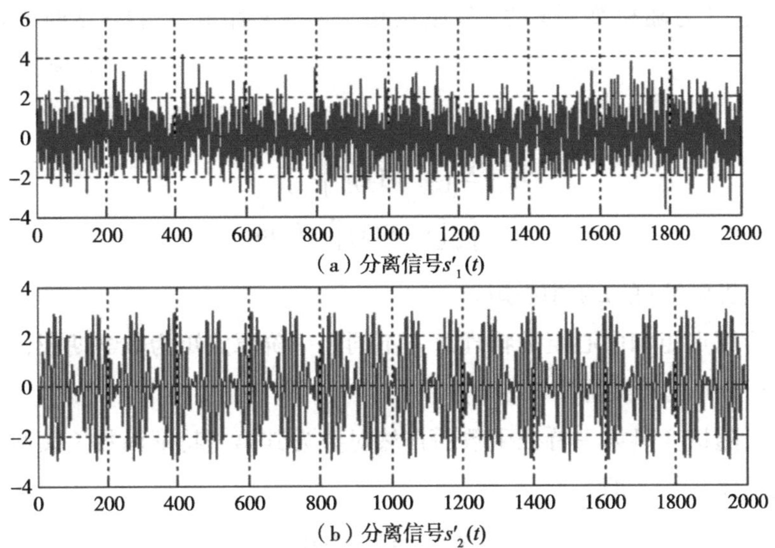

图 3-4 基于二阶 DCS 算法的分离信号波形图

3.3 高阶累积量循环平稳度准则

3.3.1 高阶循环累积量

1. 单个实随机变量的高阶矩和高阶累积量

对于随机变量x，如其概率密度函数为$p(x)$，则第一特征函数（即矩生成函数）定义为概率密度函数的傅里叶变换[10]，即

$$\Phi(\omega)=\int_{-\infty}^{+\infty}p(x)\mathrm{e}^{\mathrm{j}\omega x}\mathrm{d}x=E\left(\mathrm{e}^{\mathrm{j}\omega x}\right) \tag{3-34}$$

将第一特征函数按泰勒级数展开，为

$$\begin{aligned}\Phi(\omega)&=m_0+m_1(\mathrm{j}\omega)+\frac{1}{2!}m_2(\mathrm{j}\omega)^2+\cdots+\frac{1}{k!}m_k(\mathrm{j}\omega)^k+\cdots\\&=m_0+\sum_{k=1}^{n}\frac{m_k}{k!}(\mathrm{j}\omega)^k+\mathrm{O}\left(\omega^n\right)\end{aligned} \tag{3-35}$$

式中

$$m_k=\frac{\mathrm{d}^k\Phi(\omega)}{\mathrm{d}(\mathrm{j}\omega)^k}\Big|_{\omega=0}=(-\mathrm{j})^k\Phi^k(0)=\int_{-\infty}^{+\infty}x^kf(x)\mathrm{d}x=\boldsymbol{E}\left(x^k\right) \tag{3-36}$$

m_k定义为随机变量x的k阶原点矩，简称k阶矩。当$k\geqslant 3$时，称为高阶矩[10]。

定义

$$\begin{aligned}\mu_k &= E\left\{\left[x-E(x)\right]^k\right\} \\ &= \int_{-\infty}^{+\infty}\left[x-E(x)\right]^k f(x)\mathrm{d}x\end{aligned} \tag{3-37}$$

为随机变量x的k阶中心矩。

各阶原点矩和中心矩的物理意义不同，一阶原点矩为数学期望，二阶中心矩表征分布的离散特性（称为方差）[11]。

定义随机变量第一特征函数的自然对数为其第二特征函数（又称为累积量生成函数）[10]，即

$$\Psi(\omega) = \ln\Phi(\omega) \tag{3-38}$$

将第二特征函数也按泰勒级数展开，为

$$\begin{aligned}\Psi(\omega) &= c_1(\mathrm{j}\omega)+\frac{1}{2!}c_2(\mathrm{j}\omega)^2+\cdots+\frac{1}{k!}c_k(\mathrm{j}\omega)^k+\cdots \\ &= \sum_{k=1}^{n}\frac{c_k}{k!}(\mathrm{j}\omega)^k+O\left(\omega^k\right)\end{aligned} \tag{3-39}$$

式中

$$c_k = \frac{\mathrm{d}^k\Psi(\omega)}{\mathrm{d}(\mathrm{j}\omega)^k}\Big|_{\omega=0} = (-\mathrm{j})^k\Psi^k(0) \tag{3-40}$$

c_k定义为随机变量x的k阶累积量，当$k\geqslant 3$时，称为高阶累积量[11]。

2. 多个实随机变量的高阶矩和高阶累积量

对于n维随机变量$(x_1,x_2,\cdots,x_n)$，其第一联合特征函数为联合概率密度函数$p(x_1,x_2,\cdots,x_n)$的n维傅里叶变换，即

$$\begin{aligned}\Phi(\omega_1,\omega_2,\cdots,\omega_n) &= \int_{-\infty}^{+\infty}\mathrm{e}^{\mathrm{j}(\omega_1x_1+\omega_2x_2+\cdots+\omega_nx_n)}p(x_1,x_2,\cdots,x_n)\mathrm{d}x \\ &= E\left\{\mathrm{e}^{\mathrm{j}(\omega_1x_1+\omega_2x_2+\cdots+\omega_nx_n)}\right\}\end{aligned} \tag{3-41}$$

将第一特征函数展开为泰勒级数，则有

$$\Phi(\omega_1,\omega_2,\cdots,\omega_n) = \sum_{k\leqslant n}\frac{\mathrm{j}^k}{k_1!\cdots k_n!}m_{k_1,k_2,\cdots,k_n}\omega_1^{k_1}\cdots\omega_n^{k_n}+O\left(|\omega|^n\right) \tag{3-42}$$

式中

$$m_{k_1,k_2,\cdots,k_n}=(-\mathrm{j})^k\frac{\partial^k\Phi(\omega_1,\cdots,\omega_n)}{\partial\omega_1^{k_1}\cdots\partial\omega_n^{k_n}}\Big|_{\omega_1=\cdots=\omega_n=0}=E\left(x_1^{k_1}x_2^{k_2}\cdots x_n^{k_n}\right) \tag{3-43}$$

$$k=k_1+k_2+\cdots+k_n \tag{3-44}$$

$$|\omega|=|\omega_1|+\cdots+|\omega_n| \tag{3-45}$$

$m_{k_1,k_2,\cdots,k_n}$定义为多维随机变量的k阶矩。$k\geqslant 3$时，称为高阶矩。

第二特征函数为

$$\Psi(\omega_1,\omega_2,\cdots,\omega_n)=\ln\Phi(\omega_1,\omega_2,\cdots,\omega_n) \tag{3-46}$$

将第二特征函数也按泰勒级数展开，为

$$\Psi(\omega_1,\omega_2,\cdots,\omega_n)=\sum_{k\leqslant n}\frac{\mathrm{j}^k}{k_1!\cdots k_n!}c_{k_1,k_2,\cdots,k_n}\omega_1^{k_1}\cdots\omega_n^{k_n}+O\left(|\omega|^n\right) \tag{3-47}$$

式中

$$c_{k_1,k_2,\cdots,k_n}=(-\mathrm{j})^k\frac{\partial^k\Psi(\omega_1,\cdots,\omega_n)}{\partial\omega_1^{k_1}\cdots\partial\omega_n^{k_n}}\Big|_{\omega_1=\cdots=\omega_n=0}=(-\mathrm{j})^k\frac{\ln\Phi(\omega_1,\cdots,\omega_n)}{\partial\omega_1^{k_1}\cdots\partial\omega_n^{k_n}}\Big|_{\omega_1=\cdots=\omega_n=0} \tag{3-48}$$

$$k=k_1+k_2+\cdots+k_n \tag{3-49}$$

$$|\omega|=|\omega_1|+\cdots+|\omega_n| \tag{3-50}$$

$c_{k_1,k_2,\cdots,k_n}$定义为多维随机变量的k阶累积量，$k\geqslant 3$时，称为高阶累积量[10]。

3. 随机过程的高阶矩和高阶累积量

设$\{x(t)\}$为零均值的k阶平稳随机过程，其k阶矩$m_{kx}(\tau_1,\tau_2,\cdots,\tau_{k-1})$定义为$\{x(t),x(t+\tau_1),\cdots,x(t+\tau_{k-1})\}$的$k$阶联合矩，$k$阶累积量$c_{kx}(\tau_1,\tau_2,\cdots,\tau_{k-1})$定义为$\{x(t),x(t+\tau_1),\cdots,x(t+\tau_{k-1})\}$的$k$阶联合累积量，即

$$m_{kx}=\mathrm{mom}\{x(t),x(t+\tau_1),\cdots,x(t+\tau_{k-1})\} \tag{3-51}$$

$$c_{kx}=\mathrm{cum}\{x(t),x(t+\tau_1),\cdots,x(t+\tau_{k-1})\} \tag{3-52}$$

由此可见，平稳随机过程的k阶矩和k累积量实质上就是取$x_1=x(t)$，$x_2=x(t+\tau_1)$，$\cdots$，$x_k=x(t+\tau_{k-1})$时的k阶矩和k阶累积量。

由于$x(t)$是k阶平稳，故其k阶矩和k阶累积量均只有$k-1$个独立的变元，只是滞后$\tau_1,\tau_2,\cdots,\tau_{k-1}$的函数，与时间$t$无关。

设$\{x(t)\}$为零均值的k阶平稳随机过程，k阶累积量$c_{kx}(\tau_1,\tau_2,\cdots,\tau_{k-1})$定义为$\{x(t),x(t+\tau_1),\cdots,x(t+\tau_{k-1})\}$的$k$阶联合累积量，即

$$c_{kx}=\mathrm{cum}\{x(t),\,x(t+\tau_1),\cdots,\,x(t+\tau_{k-1})\} \tag{3-53}$$

根据高阶矩和高阶累积量的定义，可见它们之间具有如下关系

$$c_1=m_1 \tag{3-54}$$

$$c_2=m_2-m_1^2 \tag{3-55}$$

$$c_3=m_3-3m_1m_2+2m_1^3 \tag{3-56}$$

$$c_4=m_4-3m_2^2-4m_1m_3+12m_1^2m_2-6m_1^4 \tag{3-57}$$

$$\begin{aligned}c_5=&m_5-5m_1m_4-10m_2m_3+30m_1m_2^2\\&+20m_1^2m_3-60m_1^3m_2+24m_1^5\end{aligned} \tag{3-58}$$

$$\begin{aligned}c_6=&m_6-10m_3^2-6m_1m_5-15m_2m_4\\&+30m_1^2m_4+30m_2^3-120m_1^3m_3\\&-180m_1^2m_2^2+360m_1^4m_2-120m_1^6\end{aligned} \tag{3-59}$$

对于零均值的随机变量，因为$E\{x(t)\}=0$，所以有

$$c_1=m_1=0 \tag{3-60}$$

$$c_2=m_2 \tag{3-61}$$

$$c_3=m_3 \tag{3-62}$$

$$c_4=m_4-3m_2^2 \tag{3-63}$$

$$c_5=m_5-10m_2m_3 \tag{3-64}$$

$$c_6=m_6-10m_3^2-15m_2m_4+30m_2^3 \tag{3-65}$$

4. 循环平稳随机过程的循环累积量

循环平稳随机过程$x(t)$的高阶累积量用符号表示为

$$c_{kx}(t;\tau_1,\cdots,\tau_{k-1})=\mathrm{cum}\{x(t),x(t+\tau_1),\cdots,x(t+\tau_k)\} \tag{3-66}$$

对于固定的滞后$\tau_1,\cdots,\tau_{k-1}$，如果$c_{kx}(t;\tau)$存在一个相对于 t 的傅里叶级数展开，则

$$c_{kx}(t;\tau_1,\cdots,\tau_{k-1})=\sum_{\alpha\in A_k^c}\boldsymbol{C}_{kx}^{\alpha}(\tau_1,\cdots,\tau_{k-1})\,\mathrm{e}^{\mathrm{j}\alpha t} \tag{3-67}$$

$$\begin{aligned}\boldsymbol{C}_{kx}^{\alpha}(\tau_1,\cdots,\tau_{k-1})&=\lim_{\mathrm{T}\to\infty}\frac{1}{T}\sum_{t=0}^{T-1}c_{kx}(t;\tau_1,\cdots,\tau_{k-1})\,\mathrm{e}^{-\mathrm{j}\alpha t}\\&=\left\langle c_{kx}(t;\tau_1,\cdots,\tau_{k-1})\mathrm{e}^{-\mathrm{j}\alpha t}\right\rangle\end{aligned} \tag{3-68}$$

傅里叶系数 $\boldsymbol{C}_{kx}^{\alpha}\left(\tau_1,\cdots,\tau_{k-1}\right)$ 称为 $x(t)$ 在循环频率 α 处的 k 阶循环累积量[12]，而 $\boldsymbol{A}_k^m$ 称为相对于 k 阶循环累积量的循环频率集。它是可数的，定义为

$$\boldsymbol{A}_k^m=\left\{\alpha:\boldsymbol{C}_{kx}^{\alpha}\left(\tau_1,\cdots,\tau_{k-1}\right)\neq 0,0\leqslant\ \alpha\leqslant\ 2\pi\right\} \tag{3-69}$$

循环累积量具有下列性质：

性质 1：设 $\lambda_i\left(i=1,\cdots,k\right)$ 为常数，并记 $x_1=x\left(t\right)$，$x_2=x\left(t+\tau_1\right)$，⋯，$x_k=x\left(t+\tau_{k\text{-}1}\right)$，则

$$\operatorname{cum}^{\alpha}\left(\lambda_1 x_1,\cdots,\lambda_k x_k\right)=\left(\prod_{i=1}^{\mathrm{k}}\lambda_i\right)\operatorname{cum}^{\alpha}\left(x_1,\cdots,x_k\right) \tag{3-70}$$

性质 2：循环累积量关于它们的变元是对称的，即

$$\operatorname{cum}^{\alpha}\left(x_1,\cdots,x_k\right)=\operatorname{cum}^{\alpha}\left(x_{i_1},\cdots,x_{i_k}\right) \tag{3-71}$$

其中，$\left(x_{i_1},\cdots,x_{i_k}\right)$ 是 $\left(x_1\cdots x_k\right)$ 的一种排列。

性质 3：如果随机变量 $\left\{x_i\right\}$ 与 $\left\{y_i\right\}$ $\left(i=1,\cdots,k\right)$ 统计独立，则

$$\operatorname{cum}^{\alpha}\left(x_1+y_1,\cdots,x_k+y_k\right)=\operatorname{cum}^{\alpha}\left(x_1,\cdots,x_k\right)+\operatorname{cum}^{\alpha}\left(y_1,\cdots,y_k\right) \tag{3-72}$$

性质 4：如果 k 个随机变量 $\left\{x_i\right\}$ $\left(i=1,\cdots,k\right)$ 的一个非空子集与其他部分独立，则

$$\operatorname{cum}^{\alpha}\left(x_1\cdots x_k\right)=0 \tag{3-73}$$

3.3.2 高阶循环平稳度分离准则

通过研究循环平稳信号的特性和分析传统的基于二阶统计量的盲源分离算法，本章把循环平稳度的概念扩展到高阶循环平稳信号的应用中。在二阶循环平稳度的基础上提出了三阶循环平稳度的概念，并推导出了利用三阶循环累积量平稳度作为分离准则的新盲源分离算法。本算法可以在复杂噪声的情况下有效地分离平稳信号和循环平稳信号[13]。

1. 高阶循环平稳度准则

信号 $x(t)$ 的连续和离散三阶循环平稳信号的平稳度定义分别为

$$\mathrm{DCS}_{3x}^{\alpha}=\frac{\int_{-\infty}^{+\infty}\int_{-\infty}^{+\infty}\left|C_{3x}^{\alpha}\left(\tau_1,\tau_2\right)\right|^2\mathrm{d}\tau_1\mathrm{d}\tau_2}{\int_{-\infty}^{+\infty}\int_{-\infty}^{+\infty}\left|C_{3x}^{0}\left(\tau_1,\tau_2\right)\right|^2\mathrm{d}\tau_1\mathrm{d}\tau_2} \tag{3-74}$$

$$\mathrm{DCS}_{3x}^{\alpha}=\frac{\sum_{\tau_2}\sum_{\tau_1}\left|C_{3x}^{\alpha}\left(\tau_1,\tau_2\right)\right|^2}{\sum_{\tau_2}\sum_{\tau_1}\left|C_{3x}^{0}\left(\tau_1,\tau_2\right)\right|^2} \tag{3-75}$$

2. 准则的有效性

设混合矩阵为

$$\boldsymbol{A}=\begin{pmatrix} a_{11} & a_{12} \\ a_{21} & a_{22} \end{pmatrix} \tag{3-76}$$

将式（3–76）代入式（3–10）得

$$\boldsymbol{x}(t)=\begin{pmatrix} x_1(t) \\ x_2(t) \end{pmatrix}=\boldsymbol{As}(t)=\begin{pmatrix} a_{11}s_1(t)+a_{12}s_2(t) \\ a_{21}s_1(t)+a_{22}s_2(t) \end{pmatrix} \tag{3-77}$$

令分离矩阵$\boldsymbol{B}$为旋转矩阵[9]，定义为

$$\boldsymbol{B}=\begin{pmatrix} \cos\theta & \sin\theta \\ -\sin\theta & \cos\theta \end{pmatrix} \tag{3-78}$$

则分离信号可用观测信号$\boldsymbol{x}(t)$和分离矩阵$\boldsymbol{B}$表示为

$$\boldsymbol{s}'(t)=\begin{pmatrix} s_1'(t) \\ s_2'(t) \end{pmatrix}=Bx(t)=\begin{pmatrix} \cos\theta & \sin\theta \\ -\sin\theta & \cos\theta \end{pmatrix}\begin{pmatrix} x_1(t) \\ x_2(t) \end{pmatrix} \tag{3-79}$$

由式（3–78）和式（3–79）得

$$\begin{aligned}\boldsymbol{s}'(t)&=\begin{pmatrix} s_1'(t) \\ s_2'(t) \end{pmatrix}=\boldsymbol{BAs}(t)\\&=\begin{pmatrix} a_{11}\cos\theta+a_{21}\sin\theta & a_{12}\cos\theta+a_{22}\sin\theta \\ -a_{11}\sin\theta+a_{21}\cos\theta & -a_{12}\sin\theta+a_{22}\cos\theta \end{pmatrix}\begin{pmatrix} s_1(t) \\ s_2(t) \end{pmatrix}\end{aligned} \tag{3-80}$$

首先取其中一路分离信号$s'_1(t)$进行分析，由于全局矩阵是旋转角θ的函数，令

$$a(\theta)=\left(a_{11}\cos\theta+a_{21}\sin\theta\right) \tag{3-81}$$

$$b(\theta)=\left(a_{12}\cos\theta+a_{22}\sin\theta\right) \tag{3-82}$$

由式（3–80）得盲源分离后的估计信号$s'_1(t)$是源信号$s_1(t)$和噪声$s_2(t)$的组合，有

$$s_1'(t)=a(\theta)s_1(t)+b(\theta)s_2(t) \tag{3-83}$$

式中，$s_1(t)$是循环平稳信号，$s_2(t)$是平稳噪声，且$s_1(t)$与$s_2(t)$相互独立，估计

量取决于旋转角 θ。

系数 $a(\theta)$、$b(\theta)$ 由旋转角 θ 决定，其中 $a(\theta)\neq 0$。所以，$\mathrm{DCS}_{3x}^{\alpha}$ 是旋转角 θ 的函数。以连续信号为例，令

$$f(\theta)=\mathrm{DCS}_{3x}^{\alpha}=\frac{\int_{-\infty}^{+\infty}\int_{-\infty}^{+\infty}\left|C_{3x}^{\alpha}(\tau_1,\tau_2)\right|^2\mathrm{d}\tau_1\mathrm{d}\tau_2}{\int_{-\infty}^{+\infty}\int_{-\infty}^{+\infty}\left|C_{3x}^{0}(\tau_1,\tau_2)\right|^2\mathrm{d}\tau_1\mathrm{d}\tau_2} \tag{3-84}$$

由式（3–68）得估计信号 $s_1'(t)$ 的循环平稳累积量为

$$\begin{aligned}
\left|C_{s'_1}^{\alpha}\right| &= \left|\left\langle y(t)y(t-\tau_1)y(t-\tau_2)\mathrm{e}^{-\mathrm{j}2\pi\alpha t}\right\rangle\right| \\
&= \left|\left\langle\left[a(\theta)s_1(t)+b(\theta)s_2(t)\right]\cdot\left[a(\theta)s_1(t-\tau_1)+b(\theta)s_2(t-\tau_1)\right]\right.\right. \\
&\quad \left.\left.\cdot\left[a(\theta)s_1(t-\tau_2)+b(\theta)s_2(t-\tau_2)\right]\mathrm{e}^{-\mathrm{j}2\pi\alpha t}\right\rangle_t\right| \\
&= \left|\left\langle\left[a^3(\theta)s_1(t)s_1(t-\tau_1)s_1(t-\tau_2)+a^2(\theta)b(\theta)s_1(t)s_1(t-\tau_2)s_2(t-\tau_1)\right.\right.\right. \\
&\quad +a^2(\theta)b(\theta)s_2(t)s_1(t-\tau_1)s_1(t-\tau_2)+a(\theta)b^2(\theta)s_1(t)s_1(t-\tau_2)s_2(t-\tau_1) \\
&\quad +a^2(\theta)b(\theta)s_1(t)s_1(t-\tau_1)s_2(t-\tau_2)+a(\theta)b^2(\theta)s_1(t)s_2(t-\tau_1)s_2(t-\tau_2) \\
&\quad \left.\left.\left.+a(\theta)b^2(\theta)s_2(t)s_1(t-\tau_1)s_2(t-\tau_2)+b^3(\theta)s_2(t)s_2(t-\tau_1)s_2(t-\tau_2)\right]\mathrm{e}^{-\mathrm{j}2\pi\alpha t}\right\rangle_t\right| \\
&= \left|a^3(\theta)C_{3s_1}^{\alpha}(\tau)+a^2(\theta)b(\theta)C_{s_1s_1s_2}^{\alpha}(\tau_2,\tau_1)+a^2(\theta)b(\theta)C_{s_2s_1s_1}^{\alpha}(\tau_1,\tau_2)\right. \\
&\quad +a(\theta)b^2(\theta)C_{s_2s_2s_1}^{\alpha}(\tau_1,\tau_2)+a^2(\theta)b(\theta)C_{s_1s_1s_2}^{\alpha}(\tau_1,\tau_2)+a(\theta)b^2(\theta)C_{s_1s_2s_2}^{\alpha}(\tau_1,\tau_2) \\
&\quad \left.+a(\theta)b^2(\theta)C_{s_2s_1s_2}^{\alpha}(\tau_1,\tau_2)+b^3(\theta)C_{3s_2}^{\alpha}(\tau)\right|
\end{aligned} \tag{3-85}$$

同理可得到估计信号，$s'_2(t)$ 的平稳累积量为

$$\begin{aligned}
\left|C_{s_2'}^{\alpha}(\tau)\right| = &\left|a^3(\theta)C_{3s_1}^{0}(\tau)+a^2(\theta)b(\theta)C_{s_1s_1s_2}^{0}(\tau_2,\tau_1)\right. \\
&+a^2(\theta)b(\theta)C_{s_2s_1s_1}^{0}(\tau_1,\tau_2)+a(\theta)b^2(\theta)C_{s_2s_2s_1}^{0}(\tau_1,\tau_2) \\
&+a^2(\theta)b(\theta)C_{s_1s_1s_2}^{0}(\tau_1,\tau_2)+a(\theta)b^2(\theta)C_{s_1s_2s_2}^{0}(\tau_1,\tau_2) \\
&\left.+a(\theta)b^2(\theta)C_{s_2s_1s_2}^{0}(\tau_1,\tau_2)+b^3(\theta)C_{3s_2}^{0}(\tau)\right|
\end{aligned} \tag{3-86}$$

因为 $s_2(t)$ 是平稳信号，所以其循环累积量为零，即

$$C_{3s_2}^{\alpha}=0,\alpha\neq 0 \tag{3-87}$$

又有 $s_2(t)$ 与 $s_1(t)$ 独立，所以由循环累积量的性质 4 可得 $s_2(t)$ 与 $s_1(t)$ 的互累积量为零。

综上可将式（3–85）和式（3–86）化简为

$$\left|C_{3s'}^{\alpha}(\tau_1,\tau_2)\right|=\left|a^3(\theta)C_{3s_1}^{\alpha}(\tau_1,\tau_2)\right| \tag{3-88}$$

$$\left|C_{3s'}^{0}\left(\tau_1,\tau_2\right)\right|=\left|a^3\left(\theta\right)C_{3s_1}^{0}\left(\tau_1,\tau_2\right)+b\left(\theta\right)C_{3s_2}^{0}\left(\tau_1,\tau_2\right)\right| \tag{3-89}$$

将式（3–88）和式（3–89）代入式（3–84）中得到

$$\begin{aligned} f\left(\theta\right)=\mathrm{DCS}_{3x}^{\alpha}&=\frac{\int_{-\infty}^{+\infty}\int_{-\infty}^{+\infty}\left|C_{3s'_1}^{\alpha}\left(\tau_1,\tau_2\right)\right|^2\mathrm{d}\tau_1\mathrm{d}\tau_2}{\int_{-\infty}^{+\infty}\int_{-\infty}^{+\infty}\left|C_{3s'_1}^{0}\left(\tau_1,\tau_2\right)\right|^2\mathrm{d}\tau_1\mathrm{d}\tau_2} \\ &=\frac{\int_{-\infty}^{+\infty}\int_{-\infty}^{+\infty}\left|a^3\left(\theta\right)C_{3s_1}^{\alpha}\left(\tau_1,\tau_2\right)\right|^2\mathrm{d}\tau_1\mathrm{d}\tau_2}{\int_{-\infty}^{+\infty}\int_{-\infty}^{+\infty}\left|a^3\left(\theta\right)C_{3s_1}^{0}\left(\tau_1,\tau_2\right)+b^3\left(\theta\right)C_{3s_2}^{0}\left(\tau_1,\tau_2\right)\right|^2\mathrm{d}\tau_1\mathrm{d}\tau_2} \end{aligned} \tag{3-90}$$

因为$g(\theta)$是关于θ的函数，与θ无关的部分可以看作常数，所以可以分别令

$$\int_{-\infty}^{+\infty}\int_{-\infty}^{+\infty}\left|C_{3s_1}^{\alpha}\left(\tau_1,\tau_1\right)\right|^2\mathrm{d}\tau_1\mathrm{d}\tau_2=\xi_1 \tag{3-91}$$

$$\int_{-\infty}^{+\infty}\int_{-\infty}^{+\infty}\left|C_{3s_1}^{0}\left(\tau_1,\tau_1\right)\right|^2\mathrm{d}\tau_1\mathrm{d}\tau_2=\xi_2 \tag{3-92}$$

$$\int_{-\infty}^{+\infty}\int_{-\infty}^{+\infty}\left|C_{3s_2}^{0}\left(\tau_1,\tau_1\right)\right|^2\mathrm{d}\tau_1\mathrm{dd}\tau_2=\xi_3 \tag{3-93}$$

$$\int_{-\infty}^{+\infty}\int_{-\infty}^{+\infty}\left|C_{3s_1}^{0}\left(\tau_1,\tau_1\right)C_{3s_2}^{0}\left(\tau_1,\tau_1\right)\right|\mathrm{d}\tau_1\mathrm{d}\tau_2=\xi_4 \tag{3-94}$$

此时可把$f\left(\theta\right)$简化成

$$f\left(\theta\right)=\frac{\xi_1 a^6\left(\theta\right)}{\xi_2 a^6\left(\theta\right)+\xi_3 b^6\left(\theta\right)+2\xi_4 a^3\left(\theta\right)b^3\left(\theta\right)} \tag{3-95}$$

当$a(\theta)\neq 0$时，$f\left(\theta\right)$可以进一步简化得

$$f\left(\theta\right)=\frac{\xi_1}{\xi_2+\xi_3\dfrac{b^6\left(\theta\right)}{a^6\left(\theta\right)}+2\xi_4\dfrac{b^3\left(\theta\right)}{a^3\left(\theta\right)}} \tag{3-96}$$

从公式（3–96）中看出当$b(\theta)=0$且$a(\theta)\neq 0$时，得到$f\left(\theta\right)$的最大值$f_{\max}\left(\theta\right)=\dfrac{\xi_1}{\xi_2}$，此时的旋转角$\theta$可以分离出循环平稳信号；当$a\left(\theta\right)=0$且$b\left(\theta\right)\neq 0$时，得到$f\left(\theta\right)$的最小值$f_{\min}\left(\theta\right)=0$，此时的旋转角$\theta$可以分离出平稳信号。

下面证明分离准则的有效性。对式（3–95）求导得：

$$
\begin{aligned}
\frac{\mathrm{d}f(\theta)}{\mathrm{d}\theta}&=\frac{6\xi_1 a^5(\theta)\cdot\left[\xi_2 a^6(\theta)+\xi_3 b^6(\theta)+2\xi_4 a^3(\theta)b^3(\theta)\right]\mathrm{d}a(\theta)}{\left[\xi_2 a^6(\theta)+\xi_3 b^6(\theta)+2\xi_4 a^3(\theta)b^3(\theta)\right]^2\mathrm{d}\theta}\\
&-\frac{6\xi_1 a^6(\theta)\cdot\left[\xi_2 a^5(\theta)+\xi_4 a^2(\theta)b^3(\theta)\right]\mathrm{d}a(\theta)}{\left[\xi_2 a^6(\theta)+\xi_3 b^6(\theta)+2\xi_4 a^3(\theta)b^3(\theta)\right]^2\mathrm{d}\theta}\\
&-\frac{6\xi_1 a^6(\theta)\cdot\xi_3 b^5(\theta)+\xi_4 a^3(\theta)b^2(\theta)\mathrm{d}b(\theta)}{\left[\xi_2 a^6(\theta)+\xi_3 b^6(\theta)+2\xi_4 a^3(\theta)b^3(\theta)\right]^2\mathrm{d}\theta}\\
&=\frac{6\left[\xi_1 a^5(\theta)\cdot\xi_3 b^6(\theta)+\xi_1 a^8(\theta)\cdot\xi_4 b^3(\theta)\right]\mathrm{d}a(\theta)}{\left[\xi_2 a^6(\theta)+\xi_3 b^6(\theta)+2\xi_4 a^3(\theta)b^3(\theta)\right]^2\mathrm{d}\theta}\\
&-\frac{6\left[\xi_1 a^6(\theta)\cdot\xi_3 b^5(\theta)+\xi_1 a^9(\theta)\cdot\xi_4 b^2(\theta)\right]\mathrm{d}b(\theta)}{\left[\xi_2 a^6(\theta)+\xi_3 b^6(\theta)+2\xi_4 a^3(\theta)b^3(\theta)\right]^2\mathrm{d}\theta}\\
&=\frac{6\xi_1 a^5(\theta)b^2(\theta)\cdot\left[\xi_3 b^4(\theta)+\xi_4 a^3(\theta)b(\theta)\right]\mathrm{d}a(\theta)}{\left[\xi_2 a^6(\theta)+\xi_3 b^6(\theta)+2\xi_4 a^3(\theta)b^3(\theta)\right]^2\mathrm{d}\theta}\\
&-\frac{-6\xi_1 a^5(\theta)b^2(\theta)\left[\xi_3 a(\theta)b^3(\theta)+\xi_4 a^4(\theta)\right]\mathrm{d}b(\theta)}{\left[\xi_2 a^6(\theta)+\xi_3 b^6(\theta)+2\xi_4 a^3(\theta)b^3(\theta)\right]^2\mathrm{d}\theta}
\end{aligned}
\tag{3-97}
$$

将$b(\theta)=0$且$a(\theta)\neq 0$时代入式（3–97）得到$\left.\frac{\mathrm{d}f(\theta)}{\mathrm{d}\theta}\right|_{\theta=\theta_{opt1}}=0$，因此$\theta=\theta_{opt1}$是使$f(\theta)$取极大值的最佳旋转角；将$a(\theta)=0$且$b(\theta)\neq 0$代入式（3–97）得到$\left.\frac{\mathrm{d}f(\theta)}{\mathrm{d}\theta}\right|_{\theta=\theta_{opt2}}=0$；因此$\theta=\theta_{opt2}$是使$f(\theta)$取极小值的最佳旋转角。

通过数学推导过程证明，本文定义的盲源分离准则是可行的。

3.4 基于高阶循环平稳度准则的盲源分离算法

3.4.1 算法原理

本章提出的基于三阶 DCS 的盲源分离准则的原理框图如图 3–5 所示：

图 3–5 中的三阶 DCS 准则为

$$
\mathrm{DCS}_{3s'}^{\alpha}=\frac{\int_{-\infty}^{+\infty}\int_{-\infty}^{+\infty}\left|C_{3s'}^{\alpha}(\tau_1,\tau_2)\right|^2\mathrm{d}\tau_1\mathrm{d}\tau_2}{\int_{-\infty}^{+\infty}\int_{-\infty}^{+\infty}\left|C_{3s'}^{0}(\tau_1,\tau_2)\right|^2\mathrm{d}\tau_1\mathrm{d}\tau_2}
\tag{3-98}
$$

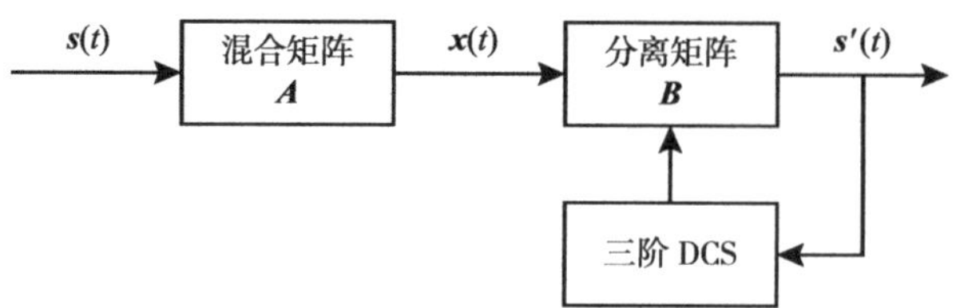

图 3-5　基于三阶 DSC 准则的盲源分离准则的原理框图

假设源信号$s(t)$由两个相互独立的$s_1(t)$和$s_2(t)$组成，设$s_1(t)$是循环平稳信号，$s_2(t)$是平稳信号，即$s_2(t)$的循环频率为零，且$s_1(t)$和$s_2(t)$相互独立。用循环平稳度$\mathrm{DCS}_{3s'}^{\alpha}$作为准则，通过对旋转矩阵的$\theta$角选转，当$b(\theta)=0$时，得到$f(\theta)$的最大值$f_{\max}(\theta)=\dfrac{\xi_1}{\xi_2}$，此时的旋转角$\theta$可以分离出循环平稳信号；当$a(\theta)=0$且$b(\theta)\neq 0$时，得到$f(\theta)$的最小值$f_{\min}(\theta)=0$，此时的旋转角$\theta$可以分离出平稳信号。

由式（3–82）知$b(\theta)=(a_{12}\cos\theta+a_{22}\sin\theta)$，下面要做的就是求使$b(\theta)=0$的$\theta_{opt1}$。令

$$\theta_{i+1}=\mu+\theta_i \tag{3-99}$$

其中，μ是一个很小的旋转角。

将式（3–99）代入式（3–82）得

$$b(\theta_{i+1})=[a_{12}\cos(\theta_i+\mu)+a_{22}\sin(\theta_i+\mu)] \tag{3-100}$$

通过迭代直到得到$b(\theta_{opt1})=0$。

将θ_{opt1}代入式（3–83）得

$$s_1'(t)=(a_{11}\cos\theta_{opt1}+a_{12}\sin\theta_{opt1})s_1(t) \tag{3-101}$$

从而达到对循环平稳信号$s_1'(t)$的提取和对噪声的抑制。

同理，通过旋转使第二路分离信号$s_2'(t)$的$\mathrm{DCS}_{3S_2'}^{\alpha}=0$，可得混合信号中的平稳部分。

由式（3–81）可知$a(\theta)=(a_{11}\cos\theta+a_{21}\sin\theta)$，通过式（3–99）的迭代求得$a(\theta_{opt2})=0$的最佳旋转角，将$\theta_{opt2}$代入式（3–80）得

$$s_2'(t)=(-a_{12}\sin\theta_{opt2}+a_{22}\cos\theta_{opt2})s_2(t) \tag{3-102}$$

从而达到对循环平稳信号$s_1'(t)$的提取和对噪声的抑制。

当循环平稳部分是已调信号而平稳部分是复杂噪声时，只需对一路分离信号$s_1'(t)$进行分析即可提取信号，达到抑制噪声的目的，比一般的盲源分离算法简单，而且结果更理想。

3.4.2 计算机仿真

假设源信号$s_1(t)$与$s_2(t)$分别为

$$s_1(t)=a(t)\cos(2\pi ft) \tag{3-103}$$

$$s_2(t)=b(t) \tag{3-104}$$

式（3–103）中，$a(t)$是瑞利分布的随机信号，$f=120\text{Hz}$；式（3–104）中，$b(t)$是均值为 0、方差为 1 的白噪声。源信号波形如图 3–6 所示。

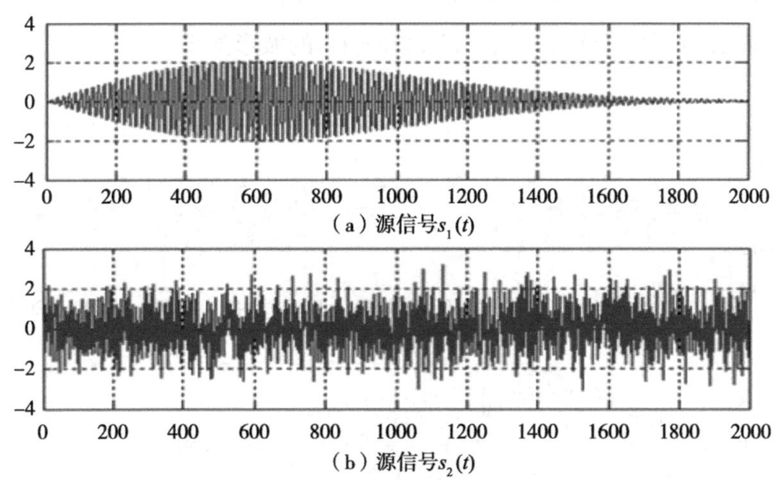

图 3–6 基于三阶 DCS 算法的源信号波形图

混合矩阵A选取正态分布随机信号产生的混合矩阵为$A=\begin{pmatrix}-0.6028 & 1.1889\\ -0.9934 & 2.3880\end{pmatrix}$，由式（3–10）与源信号混合后，得混合信号$x_1(t)$和$x_2(t)$。混合信号的波形如图 3–7 所示。

由图 3–7 可见，循环平稳源信号已经被噪声严重污染，与源信号波形差距很大，不能有效检测出源信号的信息。

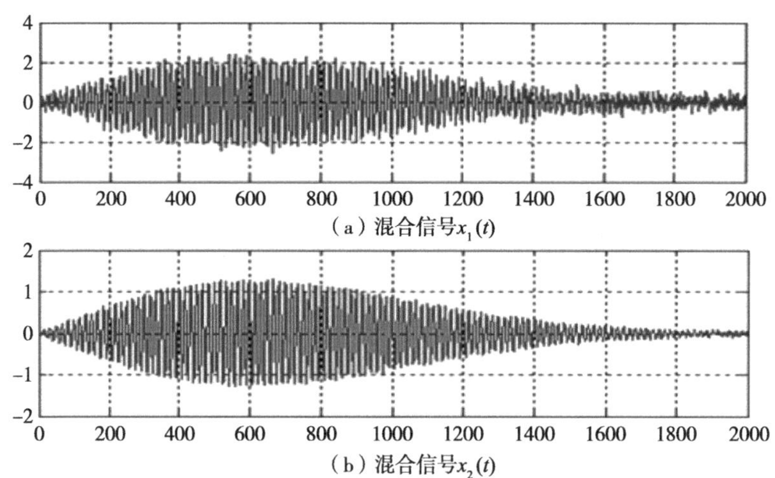

（a）混合信号$x_1(t)$

（b）混合信号$x_2(t)$

图 3-7 基于三阶 DCS 算法的混合信号波形图

采用高阶循环平稳度作为分离准则对混合信号$x_1(t)$和$x_2(t)$进行分离，可得到分离后的信号$s_1'(t)$和$s_2'(t)$。$s_1'(t)$和$s_2'(t)$的波形如图 3-8 所示。

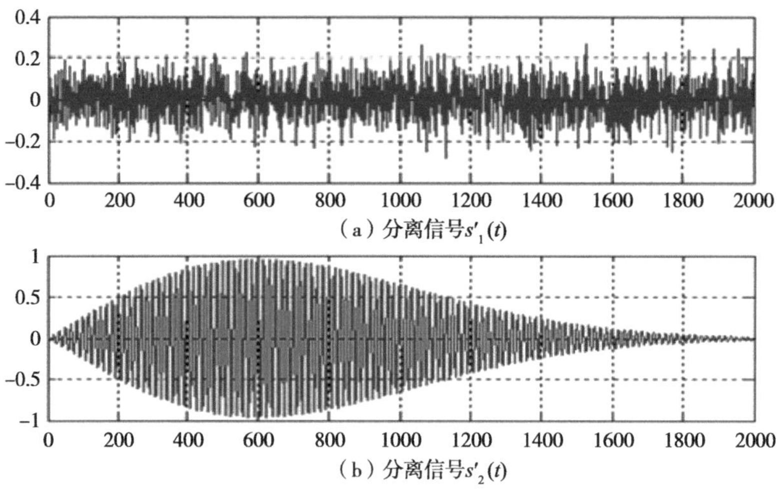

（a）分离信号$s'_1(t)$

（b）分离信号$s'_2(t)$

图 3-8 基于三阶 DCS 算法的分离信号波形图

由图 3-8 可以看出，分离后的信号和源信号基本相同，误差较小。所以可以很好地分离出循环平稳信号，抑制噪声，可以实现较理想的源信号分离。

通过数学证明和仿真分析证明了将高阶循环累积量引入循环平稳度的算

法是可行的，并且高阶循环平稳度的算法比其他利用高阶循环累积量的算法计算量小，实时性好，误差小，能够达到很好的分离效果。

3.4.3 算法性能分析

本算法可以很好地分离出循环平稳信号，抑制噪声。为了定量地评价本算法的分离效果，采用分离信号与源信号的相似系数ξ_{ij}作为性能指标，即

$$\begin{aligned}\xi_{ij} &= \xi\left(s_i', s_j\right) \\ &= \left|\sum_{t=1}^{k} s_i'(t) s_j(t)\right| \Big/ \sqrt{\sum_{t=1}^{N} s_i'^2(t) \sum_{t=1}^{N} s_j^2(t)}\end{aligned} \tag{3-105}$$

式中，$i, j = 1, 2, \cdots, N$，当$s_i' = cs_j$（c为常数）时，$\xi_{ij} = 1$；当s_i'与s_j互相独立时，$\xi_{ij} = 0$。

由式（3–105）得本算法的相似系数矩阵为

$$\xi = \begin{bmatrix} 0.9986 & 0.0277 \\ 0.0191 & 0.9999 \end{bmatrix} \tag{3-106}$$

由相似系数矩阵可看出本算法可以在复杂噪声的情况下很好的分离出源信号，抗噪性能很好。且充分利用了通信信号的循环平稳特性，可以很好地实现两路混合信号的分离，比传统的忽略信号循环平稳特性的高阶算法计算量小，实时性好。特别是遇到从混合了平稳噪声的观测信号中提取循环平稳源信号的情况时，本算法只用一路分离信号$s_1'(t)$进行分析即可得到想要的循环平稳源信号。又由于三阶算法可以有效抑制高斯噪声和对称噪声，所以本算法误差小，能够达到很好的分离效果。

综上，本章所提出的算法同时吸取了循环平稳性和高阶统计量的优点，简单有效，特别适用于解决在复杂噪声环境下的信号分离问题。

3.5 小 结

本章介绍了循环平稳度的概念与特性，通过分析二阶循环累积量与高阶循环累积量的特点，推导了二阶循环平稳度准则，提出一种以二阶循环平稳度作为分离准则的新盲源分离算法，该算法对于含有循环平稳信号的混合信号源

分离效果显著。然后通过计算机仿真，验证了算法的有效性。仿真结果表明，新算法以循环平稳度作为盲源分离准则，对含有循环平稳信号的混合信号源有较好的分离效果。

通过深入分析循环平稳信号的特点和循环累积量的性质，在 Gardner 等人提出的二阶循环平稳度的概念的基础上提出了三阶循环平稳度的概念，并以三阶循环平稳度作为分离准则的新的盲源分离算法。首先通过数学方法推导了该算法的正确性，其次通过仿真分析证明了算法的可行性。最后本算法充分利用了通信信号的循环平稳特性，可以很好地实现两路混合信号的分离，并且比传统的忽略信号循环平稳特性的高阶算法计算量小，实时性好。特别是遇到从混合了平稳噪声的观测信号中提取循环平稳源信号的情况时，本算法只用一路信号进行分析即可得到想要的循环平稳源信号。又由于三阶算法可以有效抑制高斯噪声和对称噪声，所以误差小。仿真结果表明该算法能够很好地抑制混合信号中的高斯噪声和对称噪声，具有较好的盲源分离效果。

参考文献

[1] W. A. Gardner. Degree of Cyclostationarity and their application to signal detection and estimation [J]. Signal Processing, 1991, 22: 287-297.

[2] Giannakis G B, Swami A. New results on state-space and input-output identification of non-Gaussian processing using cumulants [C]. Proc. SPIE'87, San Diego, CA, 1987, 826: 199-205.

[3] W. A. Gardner, Antonio Napolitano. Review Cyclostationarity: Half a century of research [J]. Signal Processing, 2006, 86: 639-697.

[4] 黄知涛，周一宇，姜文利. 循环平稳信号处理与应用 [M]. 北京：科学出版社，2006.

[5] G. Bi, J. Chen, et al. Application of Degree of Cyclostationarity in Rolling Element Bearing Diagnosis [J]. Key Engineering Materials, 2005, 293: 347-354.

[6] 李灯熬，张海燕，赵菊敏，等. 基于三阶循环平稳度准则的盲源分离算法 [J]. 弹箭与制导学报，2011，31（2）：438-441.

[7] 苏中元，贾民平. 周期平稳信号盲源分离算法及其应用 [J]. 机械工程学报，2007，43（10）：144-149.

[8] Zhao Jumin, Li Dengao, Zhang Haiyan. Second Order Blind Source Separation Algorithm [J]. Journal of Computational Information Systems. 2011, 7 (3): 979-983.

[9] 张海燕. 基于循环平稳度和联合近似对角化的盲源分离算法研究 [D]. 太原：太原理工大学硕士学位论文，2011.

[10] 张贤达. 现代信号处理 [M]. 北京：清华大学出版社，2002.

[11] 张贤达. 时间序列分析 – 高阶累积量方法 [M]. 北京：清华大学出版社，1996.

[12] Lee T W. Independent component analysis using an extended Informax algorithm for mixed subgaussian and superguassian sources [J]. Neural Computation，1999，11：417–441.

[13] Li Dengao，Ma Qinglun，Zhao Jumin et al. Blind Separation Algorithm based on Degree of Cyclostationary Separation Criterion [J]. Journal of Computational Information Systems. 2010，6 (2)：645–652.

第 4 章

基于对角化原理的循环平稳盲源分离算法

Cadoso[1, 2]曾在二阶统计量盲辨识（Second-Order Blind Identification，SOBI）和联合近似对角化（Joint Approximative Diagonalization of Eigenmatrix，JADE）方法中给出了一种联合对角化的方法并且定义代价函数。联合对角化作为一种常用的数学工具，在信号处理领域发挥着巨大的作用并且引起了人们浓厚的兴趣。近年来更是在盲源分离问题中得到了广泛的应用，很多算法都以各种各样的方式引入了联合对角化来解决盲源分离问题。

对角化作为一种数学手段运用到丰富的矩阵解算中。其中数据矩阵的奇异值分解（Singular Value Decomposition，SVD）或协方差矩阵的特征值分解（Eigen Value Decomposition，EVD）可以用来揭开接收序列中隐藏的低秩信息。利用奇异值或特征值的大小，可以将数据矩阵或协方差矩阵的几何子空间，即特征子空间分为信号子空间和噪声子空间两部分。

本章以循环平稳理论为基础，结合矩阵轮的相关理论，提出基于二阶循环平稳理论的鲁棒白化平均矩阵对角化盲源分离算法和基于特征矩阵联合近似对角化理论的四阶循环累积量的盲源分离算法。

4.1 矩阵对角化及特征值分解

4.1.1 矩阵可对角化理论

定义 4.1：对 n 阶矩阵 $\boldsymbol{N}$ 的特征值 λ_0，称其作为 $\boldsymbol{N}$ 的特征方程根的重数为 λ_0 的代数重数，记作 m_{λ_0}；称 $\boldsymbol{N}$ 属于 λ_0 的线性无关特征向量的个数，即线性齐

次方程组$(\boldsymbol{N}-\lambda_0\boldsymbol{I})\boldsymbol{x}=0$基础解中所含解向量的个数$n-(\boldsymbol{N}-\lambda_0\boldsymbol{I})$为$\lambda_0$的几何重数，记作$\rho_{\lambda_0}$。

可证，对 n 阶矩阵$\boldsymbol{N}$的任一特征值λ，必有

$$1 \leqslant \rho_\lambda \leqslant m_\lambda \tag{4-1}$$

利用此概念可给出用特征值描述矩阵可对角化的另一个充要条件，即

定理 4.1：矩阵$\boldsymbol{N}$可对角化的充要条件是对每一特征值λ均有$m_\lambda=\rho_\lambda$。

由上可得，矩阵不可对角化的条件是$(a-d)^2=-4bc$，b、c 至少有一个不为零。

1. 特征值和特征向量矩阵的对角化

定义 4.2：设$\boldsymbol{\alpha}=(\alpha_1,\alpha_2,\cdots,\alpha_n)^{\mathrm{T}}$，$\boldsymbol{\beta}=(\beta_1,\beta_2,\cdots,\beta_n)^{\mathrm{T}}$是 n 维向量，则称

$$[\boldsymbol{\alpha},\boldsymbol{\beta}]=\alpha_1\beta_1+\alpha_2\beta_2+\cdots+\alpha_n\beta_n=\sum_{i=1}^{n}\alpha_i\beta_i \tag{4-2}$$

为向量$\boldsymbol{\alpha}$与向量$\boldsymbol{\beta}$的内积，这时$[\boldsymbol{\alpha},\boldsymbol{\beta}]=\boldsymbol{\alpha}^{\mathrm{T}}\boldsymbol{\beta}=\boldsymbol{\alpha}\boldsymbol{\beta}^{\mathrm{T}}$。

（1）内积的性质

1）$[\boldsymbol{\alpha},\boldsymbol{\beta}]=[\boldsymbol{\beta},\boldsymbol{\alpha}]$；

2）$[k\boldsymbol{\alpha},\boldsymbol{\beta}]=k[\boldsymbol{\alpha},\boldsymbol{\beta}]$（$k$为任意实数）；

3）$[\boldsymbol{\alpha}+\boldsymbol{\beta},\gamma]=[\boldsymbol{\alpha},\gamma]+[\boldsymbol{\beta},\gamma]$；

4）$[\boldsymbol{\alpha},\boldsymbol{\alpha}]\geqslant 0$，当且仅当$\boldsymbol{\alpha}=0$时等号成立。

定义 4.3：n 维向量$\boldsymbol{\alpha}=(\alpha_1,\alpha_2,\cdots,\alpha_n)^{\mathrm{T}}$的长度定义为

$$\|\boldsymbol{\alpha}\|=\sqrt{[\boldsymbol{\alpha},\boldsymbol{\alpha}]}=\sqrt{\alpha_1\alpha_1+\alpha_2\alpha_2+\cdots+\alpha_n\alpha_n} \tag{4-3}$$

（2）向量长度的性质

1）$\|\boldsymbol{\alpha}\|\geqslant 0$，当且仅当$\boldsymbol{\alpha}=0$时，有$\|\boldsymbol{\alpha}\|=0$；

2）$\|k\boldsymbol{\alpha}\|=|k|\|\boldsymbol{\alpha}\|$（$k$ 为实数）；

3）$\|\boldsymbol{\alpha}+\boldsymbol{\beta}\|\leqslant\|\boldsymbol{\alpha}\|+\|\boldsymbol{\beta}\|$；

4）对于任意向量$\boldsymbol{\alpha},\boldsymbol{\beta}$有$\|[\boldsymbol{\alpha},\boldsymbol{\beta}]\|\leqslant\|\boldsymbol{\alpha}\|\|\boldsymbol{\beta}\|$。

定义 4.4：当$\|\boldsymbol{\alpha}\|\neq 0,\|\boldsymbol{\beta}\|\neq 0$时，

$$\theta=\arccos\frac{[\boldsymbol{\alpha},\boldsymbol{\beta}]}{\|\boldsymbol{\alpha}\|\cdot\|\boldsymbol{\beta}\|} \tag{4-4}$$

称为 n 维向量 $\boldsymbol{\alpha}$ 与 $\boldsymbol{\beta}$ 的夹角。

定义 4.5：当 $[\boldsymbol{\alpha},\boldsymbol{\beta}]=0$ 时，称向量 $\boldsymbol{\alpha}$ 与 $\boldsymbol{\beta}$ 正交。

定义 4.6：如果非零向量组中任意两个向量 $\boldsymbol{\alpha}_1,\boldsymbol{\alpha}_2,\cdots,\boldsymbol{\alpha}_m$ 两两正交，即

$$[\boldsymbol{\alpha}_i,\boldsymbol{\alpha}_j]=0 \qquad (i,j=1,2,\cdots,m;i\neq j) \tag{4-5}$$

则称该向量组 $\boldsymbol{\alpha}_1,\boldsymbol{\alpha}_2,\cdots,\boldsymbol{\alpha}_m$ 为正交向量组。

定义 4.7：若正交向量组 $\boldsymbol{\alpha}_1,\boldsymbol{\alpha}_2,\cdots,\boldsymbol{\alpha}_m$ 中每一个向量都是单位向量，则称此向量组为正交规范向量组（或标准正交向量组）。

定理 4.2：若 n 维向量 $\boldsymbol{\alpha}_1,\boldsymbol{\alpha}_2,\cdots,\boldsymbol{\alpha}_r$ 是一组两两正交的非零向量组，则 $\boldsymbol{\alpha}_1,\boldsymbol{\alpha}_2,\cdots,\boldsymbol{\alpha}_r$ 线性无关。

定理 4.3：对于线性无关的向量组 $\boldsymbol{\alpha}_1,\boldsymbol{\alpha}_2,\cdots,\boldsymbol{\alpha}_r$，令

$$\boldsymbol{\beta}_1=\boldsymbol{\alpha}_1 \tag{4-6}$$

$$\boldsymbol{\beta}_2=\boldsymbol{\alpha}_2-\frac{[\boldsymbol{\alpha}_1,\boldsymbol{\beta}_1]}{[\boldsymbol{\beta}_1,\boldsymbol{\beta}_1]}\boldsymbol{\beta}_1 \tag{4-7}$$

$$\boldsymbol{\beta}_r=\boldsymbol{\alpha}_r-\sum_{k=1}^{r-1}\frac{[\boldsymbol{\alpha}_r,\boldsymbol{\beta}_k]}{[\boldsymbol{\beta}_k,\boldsymbol{\beta}_k]}\boldsymbol{\beta}_k \tag{4-8}$$

则向量组 $\boldsymbol{\beta}_1,\boldsymbol{\beta}_2,\cdots,\boldsymbol{\beta}_r$ 是正交向量组，并且与向量组 $\boldsymbol{\alpha}_1,\boldsymbol{\alpha}_2,\cdots,\boldsymbol{\alpha}_r$ 可以相互线性表示。

定义 4.8：设 n 阶实矩阵 $\boldsymbol{L}$，满足 $\boldsymbol{L}^{\mathrm{T}}\boldsymbol{L}=\boldsymbol{E}$，则称 $\boldsymbol{L}$ 为正交矩阵。

（3）正交矩阵的性质

1）若 $\boldsymbol{U}$ 为正交矩阵，则其行列式的值为 1 或 –1；

2）若 $\boldsymbol{U}$ 为正交矩阵，则 $\boldsymbol{U}$ 可逆，且 $\boldsymbol{U}^{-1}=\boldsymbol{U}^{\mathrm{T}}$；

3）若 $\boldsymbol{U},\boldsymbol{V}$ 都是正交矩阵，则它们的积 $\boldsymbol{UV}$ 也是正交矩阵。

定理 4.4：设 $\boldsymbol{L}$ 为 n 阶实矩阵，则 $\boldsymbol{L}$ 为正交矩阵的充分必要条件是其行（列）向量组是正交规范向量组。

定义 4.9：若 $\boldsymbol{U}$ 为正交矩阵，则线性变换 $\boldsymbol{y}=\boldsymbol{Ux}$ 称为正交变换。

定义 4.10：设 $\boldsymbol{N}$ 为 n 阶方阵，如果有数 λ 和非零向量 $\boldsymbol{x}$ 满足方程 $\boldsymbol{Nx}=\lambda\boldsymbol{x}$，则称 λ 为 $\boldsymbol{N}$ 的特征值，非零向量 $\boldsymbol{x}$ 称为 $\boldsymbol{N}$ 的对应于特征值 λ 的特征向量。

定义 4.11：对于 n 阶方阵 $\boldsymbol{N}$，含未知量 λ 的矩阵 $\lambda\boldsymbol{E}-\boldsymbol{N}$ 称为 $\boldsymbol{N}$ 的特征矩阵，$|\lambda\boldsymbol{E}-\boldsymbol{N}|$ 称为 $\boldsymbol{N}$ 的特征多项式，而 $|\lambda\boldsymbol{E}-\boldsymbol{N}|=0$ 称为 $\boldsymbol{N}$ 的特征方程。

（4）特征值与特征向量的性质

1）n 阶矩阵 $\boldsymbol{N}$ 与它的转置矩阵 $\boldsymbol{N}^{\mathrm{T}}$ 有相同的特征值；

2）n 阶矩阵 $\boldsymbol{N}$ 的不同的特征值所对应的特征向量必线性无关；

3）设 n 阶方阵 $\boldsymbol{N}=\left(n_{ij}\right)_{n\times n}$ 的 n 个特征值为 $\lambda_1,\lambda_2,\cdots\lambda_n$，矩阵 $\boldsymbol{N}$ 的主对角线上元素的和称为矩阵 $\boldsymbol{N}$ 的迹，记为 $tr\left(\boldsymbol{N}\right)$，有 $tr\left(\boldsymbol{N}\right)=\sum_{i=1}^{n}n_{ii}=\sum_{i=1}^{n}\lambda_i$；

4）设 n 阶方阵 $N=\left(n_{ij}\right)_{n\times n}$ 的 n 个特征值为 $\lambda_1,\lambda_2,\cdots,\lambda_n$，则 $\boldsymbol{N}$ 的行列式 $\left|\boldsymbol{N}\right|=\lambda_1,\lambda_2,\cdots,\lambda_n$；

5）n 阶矩阵可逆的充分必要条件是它的任一特征值不为零。

定义 4.12：设 $\boldsymbol{N},\boldsymbol{F}$ 为 n 阶方阵，如果有 n 阶可逆矩阵 $\boldsymbol{P}$，使得 $\boldsymbol{P}^{-1}\boldsymbol{NP}=\boldsymbol{F}$ 成立，则称方阵 $\boldsymbol{N}$ 与 $\boldsymbol{F}$ 相似，可逆矩阵 $\boldsymbol{P}$ 称为相似变换矩阵。

（5）相似矩阵的性质

1）相似矩阵有相同的特征多项式，从而有相同的特征值；

2）相似矩阵有相同的行列式值；

3）相似矩阵或者都可逆，或者都不可逆，并且当它们可逆时，它们的逆矩阵也相似；

4）相似矩阵有相同的秩；

5）相似矩阵有相同的迹。

定理 4.5：任意实对称矩阵 $\boldsymbol{N}$ 与对角矩阵相似。

定理 4.6：设 $\boldsymbol{N}$ 为实对称矩阵，则存在正交矩阵 $\boldsymbol{U}$，使 $\boldsymbol{Q}^{-1}\boldsymbol{NQ}=\boldsymbol{\Lambda}$，其中 $\boldsymbol{\Lambda}$ 为对角矩阵，$\boldsymbol{\Lambda}$ 的主对角线上的元素为 $\boldsymbol{N}$ 的 n 个特征值。

定理 4.7：对于 n 阶实对称矩阵 $\boldsymbol{N}$，

1）解特征方程 $\left|\lambda\boldsymbol{E}-\boldsymbol{N}\right|=0$，求出矩阵 $\boldsymbol{N}$ 的全部特征值；

2）对不同特征值 λ_i，解齐次线性方程组 $\left(\lambda_i\boldsymbol{E}-\boldsymbol{N}\right)\boldsymbol{x}=\boldsymbol{0}$，求出其基础解系，就是 $\boldsymbol{A}$ 的对应于特征值 λ_i 的特征向量；

3）设步骤 2）所得到的 n 个线性无关的特征向量为 $\boldsymbol{\alpha}_1,\boldsymbol{\alpha}_2,\cdots,\boldsymbol{\alpha}_n$，则可求得非奇异矩阵 $\boldsymbol{P}'$，使其满足 $\boldsymbol{P}'^{-1}\boldsymbol{NP}'=\boldsymbol{\Lambda}$，其中 $\boldsymbol{P}'=\left(\boldsymbol{\alpha}_1,\boldsymbol{\alpha}_2,\cdots,\boldsymbol{\alpha}_n\right)$，$\boldsymbol{\Lambda}=\mathrm{diag}\left(\lambda_1,\lambda_2,\cdots,\lambda_n\right)$，$\boldsymbol{\Lambda}$ 的主对角线上的元素恰为 $\boldsymbol{N}$ 的全部特征值，其排列顺序与 $\boldsymbol{P}'$ 中列向量的排列顺序相对应。

2. 可对角化矩阵

定义 4.13：对于 n 阶方阵 $\boldsymbol{N}$ 和 $\boldsymbol{F}$，若存在 n 阶可逆矩阵 $\boldsymbol{P}$，使得

$$\boldsymbol{P}^{-1}\boldsymbol{N}\boldsymbol{P}=\boldsymbol{F} \tag{4-9}$$

则称 $\boldsymbol{N}$ 和 $\boldsymbol{F}$ 相似，记为 $\boldsymbol{N}\sim\boldsymbol{F}$。对 $\boldsymbol{N}$ 进行 $\boldsymbol{P}^{-1}\boldsymbol{N}\boldsymbol{P}$ 的运算称为对 $\boldsymbol{N}$ 的相似变换，$\boldsymbol{P}$ 称为相似变换矩阵。

定理 4.8：矩阵可对角化的条件：

1）n 阶矩阵 $\boldsymbol{N}$ 与对角矩阵相似的充分必要条件是矩阵 $\boldsymbol{N}$ 有 n 个线性无关的特征向量；

2）若 n 阶矩阵 $\boldsymbol{N}$ 有 n 个互异的特征值，则 $\boldsymbol{N}$ 与对角矩阵相似；

3）n 阶矩阵 $\boldsymbol{N}$ 与对角矩阵相似的充分必要条件是对于矩阵 $\boldsymbol{N}$ 的每一个 n_i 重特征根 λ_i，特征矩阵 $\lambda\boldsymbol{E}-\boldsymbol{N}$ 的秩是 $n-n_i$。

定理 4.9：实对称矩阵的特征值都是实数。

定理 4.10：实对称矩阵的对应于不同特征值的特征向量是正交的。

定理 4.11：若 n 阶矩阵 $\boldsymbol{N}$ 具有 n 个两两互不相等的特征值，即 $\boldsymbol{N}$ 为单纯矩阵，则 $\boldsymbol{N}$ 必可对角化。

$\boldsymbol{N}$ 的特征方程 $\det(N-\lambda\boldsymbol{I})x=0$ 的根 λ 的重数称为 λ 的代数重数，记为 m_λ；对应的方程组 $(N-\lambda\boldsymbol{I})x=0$ 的基础解系所含的向量个数，即 $\dim(N-\lambda\boldsymbol{I})$ 称为 λ 的几何重数，记为 ρ_λ。

定理 4.12：设 n 阶方阵 $\boldsymbol{N}$ 有特征值 λ_0，且 $\dim N(N-\lambda_0\boldsymbol{I})=k$，则 $\boldsymbol{N}$ 的特征多项式 $\det(N-\lambda\boldsymbol{I})$ 必有因子 $(\lambda-\lambda_0)^k$，即 $1\leqslant \rho_{\lambda_0}\leqslant m_{\lambda_0}$。

定理 4.13：n 阶方阵 $\boldsymbol{N}$ 可对角化的充分必要条件是对于 $\boldsymbol{N}$ 的每个特征值 λ，均有 $\rho_\lambda=m_\lambda$。

定义 4.14：称可与对角阵相似的 n 阶矩阵 $\boldsymbol{N}$ 是可对角化矩阵。

判定一给定 n 阶矩阵 $\boldsymbol{N}$ 是否可对角化，最基本的办法，就是看 n 阶矩阵 $\boldsymbol{N}$ 可对角化的充分必要条件是 $\boldsymbol{N}$ 具有 n 个线性无关的特征向量。

将给定 n 阶矩阵 $\boldsymbol{N}$ 对角化的一般步骤：

1）先求出 $\boldsymbol{N}$ 的特征值 $\lambda_1,\lambda_2,\cdots,\lambda_n$ 及对应的 n 个线性无关的特征向量 $\xi^1,\xi^2,\cdots\xi^n$；

2）形成 $\boldsymbol{\Lambda}=\operatorname{diag}(\lambda_1,\lambda_2,\cdots,\lambda_n)$ 以及 $\boldsymbol{O}=\left[\xi^1,\xi^2,\cdots\xi^n\right]$，于是有 $\boldsymbol{N}=\boldsymbol{O}\boldsymbol{\Lambda}\boldsymbol{O}^{-1}$。

4.1.2 矩阵的奇异值分解

1873 年，Beltrami[3] 提出对实正方矩阵奇异值分解，该理论从双线性函数$f(\boldsymbol{x},\boldsymbol{y})=\boldsymbol{x}^{\mathrm{H}}\boldsymbol{N}\boldsymbol{y}$, $\boldsymbol{N}\in\boldsymbol{R}^{n\times n}$出发，引入线性变换$\boldsymbol{x}=\boldsymbol{U}\xi$，$\boldsymbol{y}=\boldsymbol{V}\boldsymbol{\eta}$，将双线性函数变为$f(\boldsymbol{x},\boldsymbol{y})=\xi^{\mathrm{H}}\boldsymbol{S}\eta$，式中

$$\boldsymbol{S}=\boldsymbol{U}^{\mathrm{H}}\boldsymbol{N}\boldsymbol{V} \tag{4-10}$$

如果约束$\boldsymbol{U}$和$\boldsymbol{V}$为正交矩阵，则它们的选择各存在n^2-n个自由度。利用这些自由度使矩阵$\boldsymbol{S}$的对角线以外的元素全部为零，即矩阵$\boldsymbol{S}=\mathrm{diag}(\sigma_1,\sigma_2,\cdots,\sigma_n)$为对角矩阵。于是，用$\boldsymbol{U}$和$\boldsymbol{V}^{\mathrm{H}}$分别左乘和右乘式（4–10），并利用$\boldsymbol{U}$和$\boldsymbol{V}$的正交性，得到

$$\boldsymbol{N}=\boldsymbol{U}\boldsymbol{\Sigma}\boldsymbol{V}^{\mathrm{H}} \tag{4-11}$$

1874 年，Jordan 也独立地推导出了实正方矩阵的奇异值分解。

定理 4.14：矩阵的奇异值分解[3]

令$\boldsymbol{N}\in\boldsymbol{R}^{m\times n}$，则存在正交（或酉）矩阵$\boldsymbol{U}\in\boldsymbol{R}^{m\times n}$（或$\boldsymbol{C}^{m\times n}$）和$\boldsymbol{V}\in\boldsymbol{R}^{m\times n}$（或$\boldsymbol{C}^{m\times n}$）使得

$$\boldsymbol{N}=\boldsymbol{U}\boldsymbol{\Sigma}\boldsymbol{V}^{\mathrm{H}} \tag{4-12}$$

式中

$$\boldsymbol{\Sigma}=\begin{bmatrix}\Sigma_1 & \boldsymbol{0}\\ \boldsymbol{0} & \boldsymbol{0}\end{bmatrix} \tag{4-13}$$

其中，$\boldsymbol{0}$ 表示零矩阵；$\Sigma_1=\mathrm{diag}(\sigma_1,\sigma_2,\cdots,\sigma_r)$，其对角元素按照下面顺序排列

$$\sigma_1\geqslant\sigma_2\geqslant\cdots\geqslant\sigma_r>0 \tag{4-14}$$

其中，$r=\mathrm{rank}(\boldsymbol{N})$。

证明 因为$\boldsymbol{N}^{\mathrm{H}}\boldsymbol{N}\geqslant 0$，所以$\sigma(\boldsymbol{N}^{\mathrm{H}}\boldsymbol{N})\subseteq[0,+\infty)$。记$\sigma(\boldsymbol{N}^{\mathrm{H}}\boldsymbol{N})=\{\sigma_1^2,\sigma_2^2,\cdots,\sigma_n^2\}$并将它们的顺序安排成$\sigma_1\geqslant\sigma_2\geqslant,\cdots\geqslant\sigma_r>0=\sigma_{r+1}=\cdots=\sigma_n$。令$v_1,v_2,\cdots,v_n$是对应的正交特征向量组，而且

$$\boldsymbol{V}_1=[v_1,v_2,\cdots,v_r] \tag{4-15}$$

$$\boldsymbol{V}_2=[v_{r+1},v_{r+2},\cdots,v_n] \tag{4-16}$$

于是，若$\boldsymbol{\Sigma}_1=\mathrm{diag}(\sigma_1,\sigma_2,\cdots,\sigma_r)$，则有$\boldsymbol{N}^{\mathrm{H}}\boldsymbol{N}\boldsymbol{V}_1=\boldsymbol{V}_1\boldsymbol{\Sigma}_1^2$，由此得到

$$\Sigma_1^{-1}\boldsymbol{V}_1^{\mathrm{H}}\boldsymbol{N}^{\mathrm{H}}\boldsymbol{N}\boldsymbol{V}_1\Sigma_1^{-1}=\boldsymbol{I} \tag{4-17}$$

另有$\boldsymbol{N}^{\mathrm{H}}\boldsymbol{N}\boldsymbol{V}_2=\boldsymbol{V}_2\times 0$使得$\boldsymbol{V}_2^{\mathrm{H}}\boldsymbol{N}^{\mathrm{H}}\boldsymbol{N}\boldsymbol{V}_2=\boldsymbol{0}$，因此$\boldsymbol{N}\boldsymbol{V}_2=\boldsymbol{0}$。令$\boldsymbol{U}_1=\boldsymbol{N}\boldsymbol{V}_1\Sigma_1^{-1}$，则由式（4–17），可得$\boldsymbol{U}_1^{\mathrm{H}}\boldsymbol{U}_1=\boldsymbol{I}$。任意选择一$\boldsymbol{U}_2$，使得$\boldsymbol{U}=[\boldsymbol{U}_1,\boldsymbol{U}_2]$正交。

于是

$$\boldsymbol{U}^{\mathrm{H}}\boldsymbol{N}\boldsymbol{V}=\begin{bmatrix}\boldsymbol{U}_1^{\mathrm{H}}\boldsymbol{N}\boldsymbol{V}_1 & \boldsymbol{U}_1^{\mathrm{H}}\boldsymbol{N}\boldsymbol{V}_2\\ \boldsymbol{U}_2^{\mathrm{H}}\boldsymbol{N}\boldsymbol{V}_1 & \boldsymbol{U}_2^{\mathrm{H}}\boldsymbol{N}\boldsymbol{V}_2\end{bmatrix}=\begin{bmatrix}\Sigma_1 & \boldsymbol{0}\\ \boldsymbol{U}_2^{\mathrm{H}}\boldsymbol{U}_1\Sigma_1 & \boldsymbol{0}\end{bmatrix}=\begin{bmatrix}\Sigma_1 & \boldsymbol{0}\\ \boldsymbol{0} & \boldsymbol{0}\end{bmatrix}=\Sigma \tag{4-18}$$

由此可以求得$\boldsymbol{N}=\boldsymbol{U}\Sigma\boldsymbol{V}^{\mathrm{H}}$。

数值$\sigma_1,\sigma_2,\cdots,\sigma_r$以及$\sigma_{r+1}=\sigma_{r+2}=\cdots=\sigma_n=0$一起称作矩阵$\boldsymbol{N}$奇异值。

4.1.3 信号的白化处理

白化是信号盲源分离算法中一个常用到的预处理方法，对于某些盲源分离算法，白化处理也是一个必要的预处理过程。所谓对随机矢量的白化，就是通过一定的线性变换，使得变换后随机矢量的相关矩阵为单位阵。对混合信号的预白化实际上是去除信号各个分量之间的相关性，使得白化后的信号的分量之间二阶统计独立。白化处理是基于联合对角化的盲源分离算法的重要技术，通过白化处理不仅可以减少待估计的混合矩阵的维数，简化计算量，而且可以增加算法的稳定性能。

1. 盲源分离算法中分离矩阵

众所周知，信噪比越大，盲源分离效果越好。故以信噪比为目标函数，求目标函数优化过程便转换为广义特征值求解，用广义特征值构成特征向量矩阵，即分离矩阵，对接收混合信号进行盲源分离，不但能够降低运算量，而且该算法能够实现全局最优。

假设$\boldsymbol{s}(t)$为N维的源信号向量，$\boldsymbol{x}(t)$为M维的混合信号向量，$\boldsymbol{A}$为$M\times N$阶的瞬时线性混合矩阵，则忽略噪声简化后，信号的线性混合模型可表示为

$$\boldsymbol{x}(t)=\boldsymbol{A}\boldsymbol{s}(t) \tag{4-19}$$

盲源分离过程就是仅通过观测到的混合信号$\boldsymbol{x}(t)$和源信号$\boldsymbol{s}(t)$的概率分布先验知识来恢复源信号$\boldsymbol{s}(t)$，即寻找一个$N\times M$阶的分离矩阵$\boldsymbol{B}$，使其输出信号满足

$$\boldsymbol{s}'(t)=\boldsymbol{B}\boldsymbol{x}(t)=\boldsymbol{B}\boldsymbol{A}\boldsymbol{s}(t)=\boldsymbol{G}\boldsymbol{s}(t) \tag{4-20}$$

其中，$\boldsymbol{s}'(t)$为$\boldsymbol{s}(t)$的一个估计，称为估计信号或分离信号。这里的G为全局矩阵。

则全局矩阵可表示为

$$\boldsymbol{G}=\boldsymbol{PD} \tag{4–21}$$

其中，$\boldsymbol{P}$为$N\times N$维置换矩阵，$\boldsymbol{D}$为$N\times N$维对角矩阵

$$\boldsymbol{s}'(t)=\boldsymbol{PDs}(t) \tag{4–22}$$

从盲源分离的结果我们发现，分离后的信号$\boldsymbol{s}'(t)$与源信号$\boldsymbol{s}(t)$相比较，信号的幅度大小改变并且信号的前后顺序会不同，也就是说盲源分离存在内在不确定性。但是信息主要包含在信号波形中，所以盲源分离的这种不确定性并不影响其实际应用。

为了实现全局最优的盲源分离算法，分离矩阵$\boldsymbol{B}$以学习的方式确定，一般过程为：

1）建立一个以$\boldsymbol{B}$为变元的目标函数（代价函数）$F(\boldsymbol{B})$。

2）求解某个能$\hat{\boldsymbol{B}}$使$F(\boldsymbol{B})$达到极大值或极小值，则该矩阵$\hat{\boldsymbol{B}}$即为能够实现混合信号分离的分离矩阵。

2. 信号的白化处理

对于两个随机过程而言，不相关是独立的必要条件，而不是充分条件。

独立的源信号$\boldsymbol{s}(t)=\left[s_1(t),s_2(t),\cdots,s_N(t)\right]^T$各分量必然是不相关的，即

$$E\left\{s_i,s_j\right\}=E\left\{s_i\right\}E\left\{s_j\right\}=0,\quad i\neq j \tag{4–23}$$

对源信号进行能量归一化处理，则处理后信号各分量的自相关函数满足：

$$E\left\{s_i^2\right\}=1,\forall i \tag{4–24}$$

若式（4–23）和式（4–24）同时成立，就意味着源信号的自协方差矩阵满足：

$$\operatorname{cov}(\boldsymbol{s})=\boldsymbol{I} \tag{4–25}$$

当源信号为零均值时，此协方差矩阵等于自相关函数$R_{ss}=E\left\{\boldsymbol{ss}^T\right\}$。于是定义满足式（4–25）的多维源信号称为空域白化信号，简称白化信号。也就是说，白化信号是这样一类信号，既要求不相关又要求能量归一化。

白噪声$\boldsymbol{n}(t)$的功率谱为$S_n(\omega)=\gamma$，自相关函数为$R_n(\tau)=\gamma\delta(\tau)$，其中：$\delta(\tau)$为单位冲激信号；$\gamma$为常数。白噪声是随机性最强的平稳信号，其功率谱是恒定的常数，因此它含有的频率成分强度都相等。

理想白噪声的特点是$\tau=0$时，$R_n(\tau)=\gamma\delta(\tau)$（不等于0）；不同时刻的取值互不相关，仅当$\tau=0$时相关函数才不等于零。

由于实际系统带宽总是有限的，因此只要信号带宽远大于系统带宽，并且在系统带宽范围内信号功率谱基本恒定，便可将此信号近似看为白噪声。而高斯白噪声是指概率密度函数服从高斯分布、功率谱密度函数在所有频率上都为恒值的噪声信号。

设$\boldsymbol{Q}$为观测信号$\boldsymbol{x}(t)$的白化矩阵，则

$$\tilde{\boldsymbol{x}}(t)=\boldsymbol{Q}\boldsymbol{x}(t) \tag{4-26}$$

其中，$\tilde{\boldsymbol{x}}(t)$是白化后的混合信号，于是有$\mathrm{cov}(\tilde{\boldsymbol{x}})=\boldsymbol{I}$。将$\boldsymbol{x}=\boldsymbol{A}\boldsymbol{s}$代入上式并令$\boldsymbol{G}=\boldsymbol{Q}\boldsymbol{A}$，$\boldsymbol{G}$为全局矩阵，得

$$\tilde{\boldsymbol{x}}(t)=\boldsymbol{Q}\boldsymbol{A}\boldsymbol{s}(t)=\boldsymbol{G}\boldsymbol{s}(t) \tag{4-27}$$

由线性变换$\boldsymbol{G}$所连接的$\tilde{\boldsymbol{x}}(t)$和$\boldsymbol{s}(t)$是两个随机向量，因而全局矩阵$\boldsymbol{G}$一定是正交矩阵。

将$\tilde{\boldsymbol{x}}(t)$记作白化后的混合信号，则白化过程就使原来的混合矩阵$\boldsymbol{A}$成为一个新的正交矩阵，证明如下：

$$E\left\{\tilde{\boldsymbol{x}}\tilde{\boldsymbol{x}}^T\right\}=E\left\{\boldsymbol{A}\boldsymbol{s}\boldsymbol{s}^T\boldsymbol{A}^T\right\}=\boldsymbol{A}E\left\{\mathrm{ss}^T\right\}\boldsymbol{A}^T=\boldsymbol{A}\boldsymbol{A}^T=\boldsymbol{I} \tag{4-28}$$

同理，若分离矩阵$\boldsymbol{B}$针对的是白化后的混合信号$\tilde{\boldsymbol{x}}(t)$，输出$\mathrm{s}'(t)$满足$E\left\{\boldsymbol{s}'(t)\boldsymbol{s}'(t)^T\right\}=\boldsymbol{I}$，且实现归一化时，则有

$$E\left\{\boldsymbol{s}'(t)\boldsymbol{s}'(t)^T\right\}=E\left\{\boldsymbol{B}\tilde{\boldsymbol{x}}(t)\tilde{\boldsymbol{x}}(t)^T\boldsymbol{B}^T\right\}=\boldsymbol{B}\boldsymbol{B}^T=\boldsymbol{I} \tag{4-29}$$

由式（4-29）表明，数据白化后的盲分离，分离矩阵$\boldsymbol{B}$必然为正交矩阵。

实际上，在此的正交变换相当于对向量所在的坐标系进行了一个旋转。即白化是将两个独立源信号产生的混合信号进行了旋转。换句话说，如果把白化后的混合信号看作观测信号，则要完成独立源信号的盲分离就只需估计出白化前后两混合信号之间旋转角度的大小，从而盲源分离问题就大幅度地简化了。对于多

维信号，白化后的混合矩阵$\boldsymbol{A}$是一$n \times n$阶正交矩阵，其自由度降为$n \times (n-1)/2$。因此可看出，白化过程使得盲源分离算法的计算量几乎减少了一半。

白化算法简单多样，常用的主元分析（Principal Component Analysis，PCA）和奇异值分解（Singular Value Decomposition，SVD）方法都能比较精确地从观测数据中计算出。用 PCA 对观测信号进行预处理可以减少盲源分离的工作量，因为这样使得所求的分离矩阵退化为一个正交矩阵。另外，当观测信号数大于源信号数时，经过 PCA 白化处理可以实现信号降维。

4.2 二阶循环平稳理论的鲁棒白化平均矩阵对角化盲源分离算法

二阶统计量的盲源分离所需要的样本量少，计算量小，无须估计待分离信号的概率密度函数及相应的核心函数，因此广泛应用于盲源分离技术。但是由于实际中干扰噪声方差不能准确估计，会导致分离结果的不理想。本节将采用基于鲁棒白化二阶统计量的盲分离算法（Robust Second Order Blind Indentification，RSOBI），利用不同延迟的干扰噪声方差矩阵在理论上等于零这个特点，寻找到一组观测信号$\boldsymbol{x}$鲁棒白化后信号$\tilde{\boldsymbol{x}}$的协方差矩阵的鲁棒估计$R_{\tilde{x}}(\tau_i)$，再利用$R_{\tilde{x}}(\tau_i)$将其联合对角化，求得一酉阵$\boldsymbol{U}$，从而获得源信号的估计。

4.2.1 鲁棒预白化

白化处理是进行盲信号分离前重要的预处理过程，即对观测信号进行线性变换除去各观测信号间的相关性，从而简化信号的处理过程。一般的白化处理过程是通过主分量分析（PCA）实现的，这种白化过程无法消除噪声的影响。在这里采用另一种的白化处理过程，鲁棒预白化[4]。

对于预先的时滞$(\tau_1,\cdots\tau_k)$，估计出一组时滞的接收信号协方差矩阵，构造一个$m \times mK$矩阵$\boldsymbol{R}=\left[\boldsymbol{R}_{\tilde{x}}(\tau_1),\cdots \boldsymbol{R}_{\tilde{x}}(\tau_K)\right]$。计算$\boldsymbol{R}$的奇异值分解（SVD）[5]为

$$\boldsymbol{R}=\boldsymbol{U}\Sigma\boldsymbol{V}^{\mathrm{H}} \tag{4-30}$$

其中，$\boldsymbol{U}=[\boldsymbol{U}_s,\boldsymbol{U}_V]\in\boldsymbol{R}^{m\times m}\left(且\boldsymbol{U}_s=[\boldsymbol{U}_1,\cdots\boldsymbol{U}_n]\right)\in\boldsymbol{R}^{m\times n},\boldsymbol{V}\in\boldsymbol{R}^{mK\times mK}$是正交矩阵，$\Sigma$

是一个$m\times m$维的矩阵，其左n列包含$\mathrm{diag}(\sigma_1,\sigma_2,\cdots\sigma_n)$。未知的源信号个数$N$可以通过奇异值来检测。然后计算

$$\boldsymbol{R}_i=\boldsymbol{U}_s^T\boldsymbol{R}_{\tilde{x}}(\tau_i)\boldsymbol{U}_s \qquad (i=1,2,\cdots,K) \tag{4-31}$$

选择一任何非零的初始参数矢量$\boldsymbol{\eta}=[\eta_1,\eta_2,\cdots,\eta_K]^T$，定义$\overline{\boldsymbol{R}}$为

$$\overline{\boldsymbol{R}}=\sum_{i=1}^{K}\boldsymbol{\eta}_i\boldsymbol{R}_i(\tau_i) \tag{4-32}$$

接下来计算$\overline{\boldsymbol{R}}$的 EVD 分解，并检查$\overline{\boldsymbol{R}}$是否正定。

如果$\overline{\boldsymbol{R}}$正定，则计算对称正定矩阵$\overline{\boldsymbol{R}}_{\tilde{x}}(\eta*)=\sum_{i=1}^{K}\eta_i\boldsymbol{R}_i(\tau_i)$，对$\overline{\boldsymbol{R}}_{\tilde{x}}$执行 SVD 或 EVD

$$\overline{\boldsymbol{R}}_{\tilde{x}}(\eta*)=[\boldsymbol{U}_s,\boldsymbol{U}_V]\begin{bmatrix}\boldsymbol{\Sigma}_s & 0\\ 0 & \boldsymbol{\Sigma}_N\end{bmatrix}[\boldsymbol{V}_s,\boldsymbol{V}_N]^T \tag{4-33}$$

其中$(\eta*)$是指在算法收敛后矩阵$\overline{\boldsymbol{R}}$正定后，$\eta_i$的一组参数。$\boldsymbol{U}_s$包含主奇异值$\boldsymbol{\Sigma}_s=\mathrm{diag}(\sigma_1,\sigma_2,\cdots,\sigma_n)$所对应的特征矢量。

如果$\overline{\boldsymbol{R}}$不正定，选择对应$\overline{\boldsymbol{R}}$最小的特征值的特征矢量$\boldsymbol{u}$，用$\eta+\delta$代替更新$\eta$[6]。其中

$$\delta=\frac{\left[\boldsymbol{u}^T\boldsymbol{R}_1\boldsymbol{u}\cdots\boldsymbol{u}^T\boldsymbol{R}_K\boldsymbol{u}\right]^T}{\left\|\left[\boldsymbol{u}^T\boldsymbol{R}_1\boldsymbol{u}\cdots\boldsymbol{u}^T\boldsymbol{R}_K\boldsymbol{u}\right]\right\|} \tag{4-34}$$

然后计算式（4–32）的$\overline{\boldsymbol{R}}$。

最后鲁棒白化正交化变换为

$$\tilde{\boldsymbol{x}}(t)=\boldsymbol{Q}\boldsymbol{x}(t) \tag{4-35}$$

其中，$\boldsymbol{Q}=\boldsymbol{\Sigma}_s^{-\frac{1}{2}}\boldsymbol{U}_s^T$。

4.2.2 基于鲁棒白化平均矩阵对角化盲源分离算法

鲁棒白化的二阶统计量盲源分离算法是利用鲁棒白化后观测信号的二阶统计量，借助于联合对角化手段以达到盲源分离的效果[7]。算法一般包括鲁棒白化数据过程，计算联合矩阵和近似对角化三个过程。鲁棒白化的处理可以去除数据的均值，去空间相关性，同时可以除去噪声对分离效果的影响。在

算法的过程中，首先选择一组时滞，然后估计鲁棒白化后的观测信号的协方差矩阵，并将协方差矩阵记为一集合。其次通过白化后的观测信号可以得到白化矩阵$\boldsymbol{Q}$。在算法最后过程中获得能使协方差矩阵集合近似对角化的酉矩阵，从而利用酉矩阵、白化矩阵、观测信号来估计出源信号，并估计出源信号的混合矩阵，最终达到盲源分离的目的。一般二阶统计量盲源分离算法直接对协方差矩阵集合进行联合近似对角化，本书针对混合的循环平稳信号进行鲁棒白化处理，将白化后混合信号的循环协方差矩阵记为一个矩阵集，并对其平均矩阵进行联合近似对角化，算法体现了矩阵平均特性，对分离效果影响不大，但是简化了计算过程。

4.2.3 算法的基本理论

本节将循环平稳理论引入到鲁棒白化平均矩阵对角化盲源分离算法中，使得新算法可以很好地分离循环平稳信号。

基于平均特征结构鲁棒预白化的二阶盲源分离算法首先需估计接收信号的不同延迟τ_i的协方差矩阵，然后这些矩阵记为一集合M_i。

一般的鲁棒白化平均矩阵对角化盲源分离算法选择的协方差函数为标准协方差矩阵$\boldsymbol{R}_{\tilde{x}}=\dfrac{1}{K}\sum_{n=1}^{K}\boldsymbol{x}(t)\boldsymbol{x}^T(t+\tau_i)$，根据信号循环平稳性质，引入循环自相关函数代替标准的协方差矩阵函数[8]：

$$\boldsymbol{R}_{\tilde{x}}(\tau_i,\alpha)=\frac{1}{K}\sum_{n=1}^{K}\boldsymbol{x}(t)\boldsymbol{x}^*(t+\tau i)\exp(-\mathrm{j}2\pi\alpha t) \tag{4-36}$$

式中，α 是循环频率。

通过迭代调整，找到一组适合的$\eta=[\eta_1,\eta_2,\cdots,\eta_K]^T$，使得$\overline{\boldsymbol{R}}_x=\sum_{i=1}^{K}\eta_i\boldsymbol{R}_{\tilde{x}}(\tau_i)$为对称正定矩阵。对对称正定矩阵$\overline{\boldsymbol{R}}_x$进行奇异值分解，有

$$\overline{\boldsymbol{R}}_x(\eta)=[\boldsymbol{U}_s,\boldsymbol{U}_V]\begin{bmatrix}\boldsymbol{\Sigma}_S & 0\\ 0 & \boldsymbol{\Sigma}_N\end{bmatrix}[\boldsymbol{V}_s,\boldsymbol{V}_N]^T \tag{4-37}$$

式中，对角矩阵中$\boldsymbol{\Sigma}_S$对应接收信号$\tilde{\boldsymbol{x}}$的信号子空间；$\boldsymbol{\Sigma}_N$为对应干扰噪声子空间。$\boldsymbol{x}(t)$的白化信号记作$\tilde{\boldsymbol{x}}(t)$，可得式（4–26），其中$\boldsymbol{Q}=\boldsymbol{\Sigma}_s^{-\frac{1}{2}}U_s^T$。

因为任何一个白化的协方差矩阵都可以被酉阵$\boldsymbol{U}$对角化，即对任意的$\tau \neq 0$有$\boldsymbol{R}_{\tilde{x}}(\tau_i)=\boldsymbol{U}_s^T\boldsymbol{R}_{\tilde{x}}(\tau_i)\boldsymbol{U}_s$，于是

$$\boldsymbol{R}_i=\boldsymbol{U}_s^T\boldsymbol{R}_{\tilde{x}}(\tau_i)\boldsymbol{U}_s \qquad (i=1,2,\cdots,K) \tag{4-38}$$

对相关矩阵$\boldsymbol{R}(0)$进行白化

$$\boldsymbol{R}(0)=\boldsymbol{Q}\boldsymbol{R}(0)\boldsymbol{Q}^{\mathrm{H}} \tag{4-39}$$

式中，$\boldsymbol{Q}$为白化矩阵，则不同时滞白化相关矩阵和白化后自相关矩阵集为

$$\begin{aligned}&\boldsymbol{R}(\tau)=\boldsymbol{Q}\boldsymbol{R}(\tau)\boldsymbol{Q}^{\mathrm{H}}\\&\boldsymbol{M}_1=\boldsymbol{R}(\tau_1)=\boldsymbol{Q}\boldsymbol{R}(\tau_1)\boldsymbol{Q}^{\mathrm{H}}\\&\boldsymbol{M}_K=\boldsymbol{R}(\tau_K)=\boldsymbol{Q}\boldsymbol{R}(\tau_K)\boldsymbol{Q}^{\mathrm{H}}\end{aligned} \tag{4-40}$$

由于

$$\begin{aligned}&\sum_{i\neq j}\left[\boldsymbol{U}_s^{\mathrm{H}}(\boldsymbol{M}_1+\cdots+\boldsymbol{M}_K)\boldsymbol{U}_s\right]\\&=\sum_{i\neq j}\left(\boldsymbol{U}_s^{\mathrm{H}}\boldsymbol{M}_1\boldsymbol{U}_s+\cdots+\boldsymbol{U}_s^{\mathrm{H}}\boldsymbol{M}_K\boldsymbol{U}_s\right)\\&=\sum_{i\neq j}\boldsymbol{U}_s^{\mathrm{H}}\boldsymbol{M}_1\boldsymbol{U}_s+\cdots\sum_{i\neq j}\boldsymbol{U}_s^{\mathrm{H}}\boldsymbol{M}_K\boldsymbol{U}_s\end{aligned} \tag{4-41}$$

联合近似对角化准则为

$$\boldsymbol{C}(M,U)=\sum_{i=1}^{K}\sum_{i\neq j}\left[\left(\boldsymbol{U}^{\mathrm{H}}\boldsymbol{M}_i\boldsymbol{U}\right)_{ij}\right] \tag{4-42}$$

可得

$$\begin{aligned}C(\boldsymbol{M},\boldsymbol{U}_s)&=\sum_{i\neq j}\left[\left(\boldsymbol{U}_s{}^{\mathrm{H}}\boldsymbol{M}_1\boldsymbol{U}_s\right)_{ij}+\cdots+\left(\boldsymbol{U}_s{}^{\mathrm{H}}\boldsymbol{M}_K\boldsymbol{U}_s\right)_{ij}\right]\\&=\sum_{i\neq j}\left[\boldsymbol{U}_s{}^{\mathrm{H}}(\boldsymbol{M}_1+\cdots+\boldsymbol{M}_K)\boldsymbol{U}_s\right]\\&=\sum_{i\neq j}\left(\boldsymbol{U}_s{}^{\mathrm{H}}\sum_{i=1}^{K}\boldsymbol{M}_i\boldsymbol{U}_s\right)\end{aligned} \tag{4-43}$$

令式（4–43）两边都除以 K，得到平均联合协方差矩阵的联合近似对角化准则：

$$\begin{aligned}\widehat{C}(\boldsymbol{M},\boldsymbol{U}_s)&=\sum_{i\neq j}\left(\boldsymbol{U}_s{}^{\mathrm{H}}\frac{1}{K}\sum_{i=1}^{K}\boldsymbol{M}_i\boldsymbol{U}_s\right)\\&=\sum_{i\neq j}\left[\boldsymbol{U}_s{}^{\mathrm{H}}\mathrm{mean}(\boldsymbol{M})\boldsymbol{U}_s\right]\end{aligned} \tag{4-44}$$

上式将矩阵的联合对角化转化为矩阵平均对角化，减少了运算量，体现了矩阵的平均特征结构，相对的矩阵特性上会有缺失，因此分离精度受到影响，但是对分离效果的影响不严重。

利用式（4–38）求的酉矩阵$\boldsymbol{U}_s$，则分离矩阵为$\boldsymbol{B}=\boldsymbol{U}_s^T\boldsymbol{Q}$，源信号的估计则为$\tilde{\boldsymbol{s}}(n)=\boldsymbol{U}_s^T\boldsymbol{Q}\boldsymbol{x}(n)$。

具体算法步骤如下：

第一步，对检测到的混合信号进行白化处理，白化矩阵$\boldsymbol{Q}$由观测信号的自相关矩阵估计出来，循环平稳信号的自相关矩阵采用式（4–36）。

第二步，通过式（4–31）到式（4–35）实现鲁棒白化过程，得到白化后的观测信号$\tilde{\boldsymbol{x}}(t)=\boldsymbol{Q}\boldsymbol{x}(t)$。并且估计出$\boldsymbol{Q}$。

第三步，对预先选定的一组时滞，组成一组K个自相关函数矩阵的集合，记作$\boldsymbol{M}$，见式（4–40）。然后将K个协方差矩阵进行平均，得到平均联合协方差矩阵的联合近似对角化准则式（4–44）。

第四步，对鲁棒白化后的平均联合协方差矩阵进行联合近似对角化，利用式（4–38）求的酉矩阵$\boldsymbol{U}_s$，得到分离矩阵$\boldsymbol{B}=\boldsymbol{U}_s^T\boldsymbol{Q}$，源信号的估计则为$\tilde{\boldsymbol{s}}(t)=\boldsymbol{U}_s^T\boldsymbol{Q}\boldsymbol{x}(t)$。

4.2.4 算法性能指标

为了度量系统矩阵偏离理想情况的程度，定义信干比[9]为

$$\mathrm{SIR}=\frac{\max\left|G_{il}\right|^2}{\sum\limits_{j\neq l}\left|G_{ij}\right|^2} \tag{4–45}$$

其中，$\boldsymbol{G}$表示系统矩阵。

上式表示系统的第i行最大元素的平方与其他元素平方和的比值。信干比越大，则说明该行越稀疏，即系统矩阵越接近理想状况，分析性能也就越加接近理想状况。同理，若对所有行的信干比取平均值，则称为平均信干比。

4.2.5 计算机仿真

图 4–1 为源信号图，实验中信号源选择 5 例具有循环平稳的生物信号源且

各自信号存在独立性。接收传感器的数量为 6（如下式），并对每一路接收信号加入高斯白噪声，信噪比为 25dB。混合矩阵 $\boldsymbol{A}$ 为随机产生的 6×5 随机矩阵

$$\boldsymbol{A}=\begin{pmatrix} 0.9082 & -0.1028 & 0.5809 & -0.2658 & 0.8994 \\ 0.0519 & 0.2432 & 0.9224 & -0.9675 & 0.8423 \\ -0.3186 & 0.8506 & -0.2707 & 0.1010 & -0.5152 \\ -0.3254 & 0.8760 & -0.1660 & -0.8972 & -0.2948 \\ -0.6541 & -0.4917 & -0.8996 & 0.0440 & -0.1728 \\ -0.1997 & -0.5541 & -0.6447 & 0.0769 & -0.9139 \end{pmatrix}$$

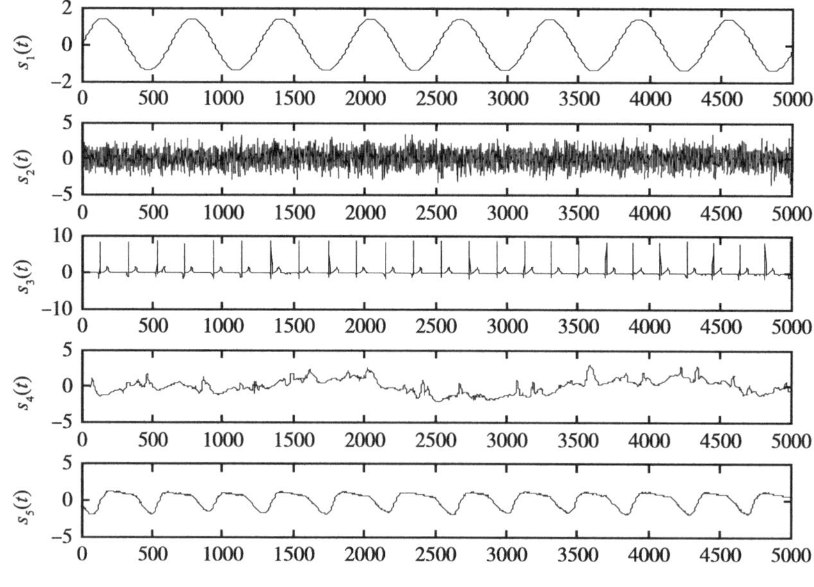

图 4-1　基于鲁棒白化二阶统计量的盲分离算法的源信号波形图

混合信号的波形图如图 4-2 所示，分离信号的波形图如图 4-3 所示。

混合信号在进行盲源分离前都经过了除均值以及白化预处理。

分离后信号的信干比 SIR 分别为 25.4377，21.1974，25.0791，22.2427，19.9923。图 4-4 是信干比直方图，每一个直方表示系统矩阵中相对应的一对信号（源信号与分离输出信号）的一行的信干比，即为系统矩阵该行最大元素的平方值与其他元素的平方和的比值。信干比越大就代表该行越稀松，系统矩阵就越加接近理想状态，分离后的信号所受到干扰越小，也就是说分离效果越好。

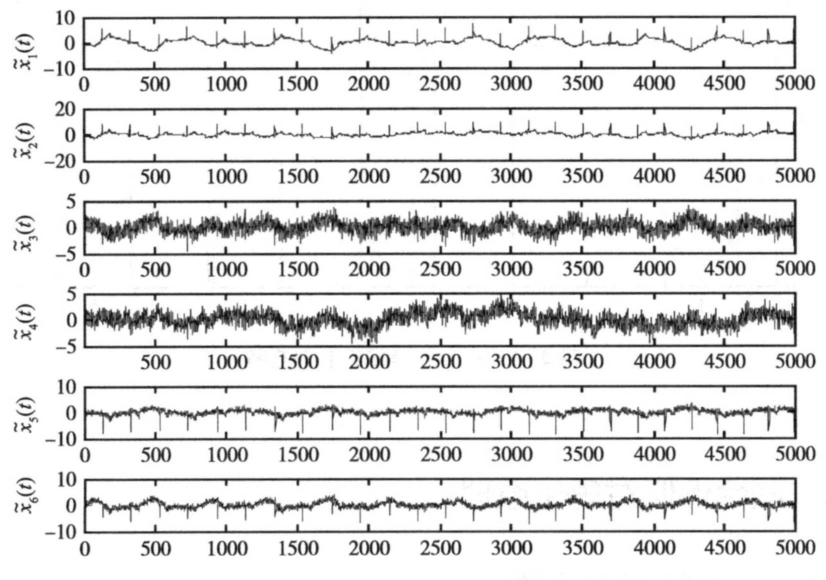

图 4-2　基于鲁棒白化二阶统计量的盲分离算法的混合信号波形图

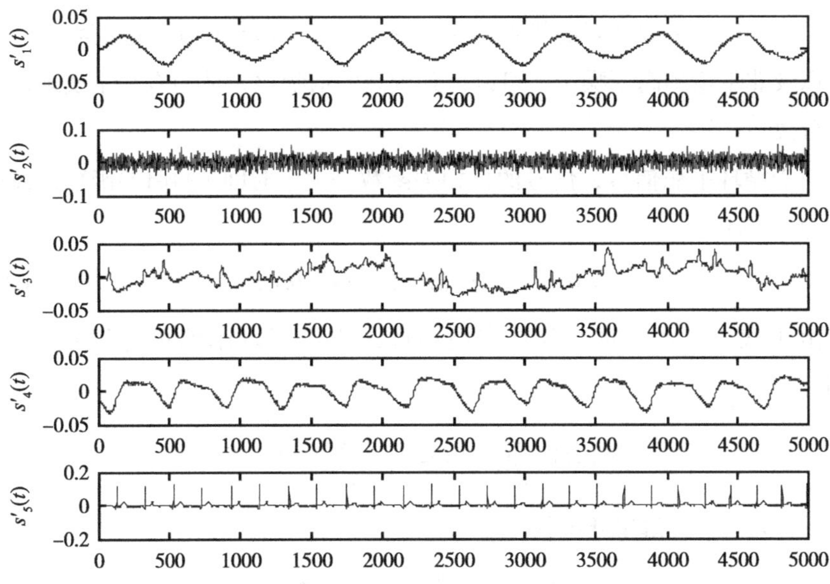

图 4-3　基于鲁棒白化二阶统计量的盲分离算法的分离信号波形图

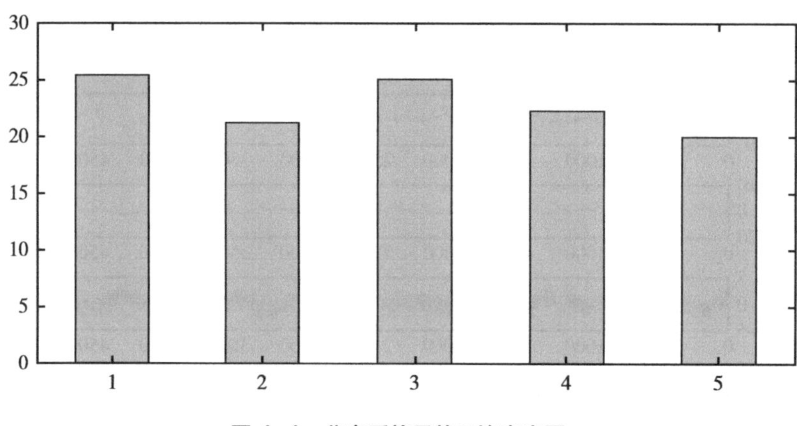

图 4-4　分离后信号信干比直方图

4.3　联合近似对角化原理

4.3.1　循环累积量矩阵

循环累积量是分析数字通信信号的一种有效的信号处理工具，吸取了高阶统计量和循环平稳两者的优点，在理论上可完全抑制任何平稳高斯或非高斯噪声以及非平稳的高斯噪声，可以得到较高的信噪比，从而有利于实现信号的最佳分离。

对于循环平稳信号，信号的自相关函数是关于时间 t 的周期函数，设最小周期为 T，有：

$$R_x(t,\tau)=R_x(t+kT,\tau)\qquad k=0,1,2\cdots \tag{4-46}$$

由于式（4-46）的函数具有周期性，所以可以用傅里叶级数展开它，得到

$$R_x(t,\tau)=\sum_{m=-\infty}^{\infty}R_x^{\alpha}(\tau)\mathrm{e}^{\mathrm{j}\frac{2\pi}{T_0}mt}=\sum_{m=-\infty}^{\infty}R_x^{\alpha}(\tau)\mathrm{e}^{\mathrm{j}2\pi\alpha t} \tag{4-47}$$

其中 $\alpha=m/T_0$，且傅里叶系数

$$R_x^{\alpha}(\tau)=\tfrac{1}{T_0}\int_{-T_0/2}^{T_0/2}R_x(t,\tau)e^{-\mathrm{j}2\pi\alpha t}\mathrm{d}t \tag{4-48}$$

时变自相关函数的傅里叶系数 $R_x^{\alpha}(\tau)$ 表示频率为 α 的循环自相关函数[10]。

循环平稳随机过程$x(t)$的高阶累积量用符号表示为

$$c_{kx}(t;\tau_1,\cdots,\tau_{k-1})=\text{cum}\left[x(t),x(t+\tau_1),\cdots,x(t+\tau_k)\right] \tag{4-49}$$

对于固定的滞后$\tau_1,\cdots,\tau_{k-1}$，如果$c_{kx}(t;\tau)$存在一个相对于 t 的傅里叶级数展开，则

$$c_{kx}(t;\tau_1,\cdots,\tau_{k-1})=\sum_{\alpha\in A_k^c}\boldsymbol{C}_{kx}^{\alpha}(\tau_1,\cdots,\tau_{k-1})\mathrm{e}^{\mathrm{j}\alpha t} \tag{4-50}$$

$$\boldsymbol{C}_{kx}^{\alpha}(\tau_1,\cdots,\tau_{k-1})=\lim_{T\to\infty}\frac{1}{T}\sum_{t=0}^{T-1}c_{kx}(t;\tau_1,\cdots,\tau_{k-1})\mathrm{e}^{-\mathrm{j}\alpha t}=\left\langle c_{kx}(t;\tau_1,\cdots,\tau_{k-1})\mathrm{e}^{-\mathrm{j}\alpha t}\right\rangle \tag{4-51}$$

傅里叶系数$\boldsymbol{C}_{kx}^{\alpha}(\tau_1,\cdots,\tau_{k-1})$称为$x(t)$在循环频率$\alpha$处的 k 阶循环累积量，而$\boldsymbol{A}_k^m$称为相对于 k 阶循环累积量的循环频率集。它是可数的，定义为

$$\boldsymbol{A}_k^m=\left\{\alpha:\mathbf{C}_{kx}^{\alpha}(\tau_1,\cdots,\tau_{k-1})\neq 0,\qquad 0\leqslant\alpha\leqslant 2\pi\right\} \tag{4-52}$$

4.3.2 联合近似对角化原理

联合对角化[11]作为一种数学工具，在信号处理中得到了广泛的应用。盲源分离的很多问题中都以各种各样的方式引入了联合对角化的方法来解决问题。但在实际应用中，联合对角化不要求对个别地精确对角化，而是寻求统计意义上的最优化。因此更常用的为近似联合对角化。对目标阵列定义一代价函数，通过对$\boldsymbol{U}$的寻找更新使得代价函数达到最小。Cadoso 提出了基于 Jacobi 法的联合对角化方法，即计算一个由一系列 Givens 旋转[12]矩阵的乘积构成的酉变换阵。

联合近似对角化盲源分离算法的主要目的是把混合矩阵转化为求解一酉矩阵$\boldsymbol{U}$，该酉矩阵的得到是通过联合近似对角化一组观测信号的自相关矩阵，然后根据白化矩阵$\boldsymbol{Q}$和酉阵$\boldsymbol{U}$反演出源信号。

二阶统计量盲分离方法一般总结为三个过程：预白化处理数据、计算二阶统计量、计算对角化矩阵获得源和混合过程的估计。

1. 预白化处理数据

在二阶统计量盲分离最常用的预处理数据的方法是白化处理。白化预处理可以去除空间的相关性，在源信号和传感器个数不相等的情况下，预白化处理可以估计源信号的个数，同时可以消除加性噪声对信号的影响。

定义循环平稳信号源$\boldsymbol{s}(t)$的自相关矩阵为

$$\boldsymbol{R}_s(\tau)=E\left\{\boldsymbol{s}(t)\boldsymbol{s}^T(t+\tau)\right\} \tag{4-53}$$

由于源信号之间是相互统计独立，其自相关矩阵为一对角矩阵

$$\boldsymbol{R}_s(\tau)=\mathrm{diag}\left[\boldsymbol{R}_{s1}(\tau),\cdots,\boldsymbol{R}_{sn}(\tau)\right] \tag{4-54}$$

且

$$\boldsymbol{R}_s(0)=E\left\{\boldsymbol{s}(t)\boldsymbol{s}^T(t)\right\}=\boldsymbol{I}$$

预白化处理过程就是对观测信号$\boldsymbol{x}(t)$左乘一个白化矩阵$\boldsymbol{Q}$，使得$\tilde{\boldsymbol{x}}(t)=\boldsymbol{Q}\boldsymbol{x}(t)$的各个分量为单位方差的独立信号，$\boldsymbol{Q}$满足下式

$$\boldsymbol{R}_{\tilde{x}}(0)=E\left\{\tilde{\boldsymbol{x}}(t)\tilde{\boldsymbol{x}}^T(t)\right\}=\boldsymbol{Q}\boldsymbol{R}_x(0)\boldsymbol{Q}^T=\boldsymbol{Q}\boldsymbol{B}\boldsymbol{R}_s(0)\boldsymbol{B}^T\boldsymbol{Q}^T=\boldsymbol{Q}\boldsymbol{B}\boldsymbol{Q}\boldsymbol{B}^T=\boldsymbol{I} \tag{4-55}$$

式中，$\boldsymbol{R}_x(0)=E\left\{\boldsymbol{x}(t)\boldsymbol{x}^T(t)\right\}$为观测信号在$\tau=0$时的自相关矩阵。$\boldsymbol{QA}$表示为一酉矩阵。对于任意白化矩阵$\boldsymbol{Q}$都存在一个酉矩阵$\boldsymbol{U}$使得$\boldsymbol{QA}=\boldsymbol{U}$。所以

$$\boldsymbol{A}=\boldsymbol{Q}^{-1}\boldsymbol{U} \tag{4-56}$$

式中，上标 –1 表示伪逆。

由$\boldsymbol{R}_{\tilde{x}}(0)=\boldsymbol{B}\boldsymbol{R}_s(0)\boldsymbol{B}^T=\boldsymbol{B}\boldsymbol{B}^T$得

$$\boldsymbol{Q}^T\boldsymbol{Q}=\boldsymbol{R}_{\tilde{x}}^{-1}(0) \tag{4-57}$$

由上式可以看到，白化矩阵$\boldsymbol{Q}$可以通过观测信号的自相关矩阵$\boldsymbol{R}_{\tilde{x}}(0)$求得。

2. 二阶统计量的计算

矩阵$\boldsymbol{M}_i$可以取多种形式，对于有着不同功率谱（不同的自相关函数）的有色源，一般选择时滞协方差矩阵

$$\boldsymbol{M}_i=\boldsymbol{R}_{\tilde{x}}(\tau_i)=E\left[\tilde{\boldsymbol{x}}(t+\tau_i)\tilde{\boldsymbol{x}}^*(t)\right]=\boldsymbol{B}\boldsymbol{R}_{\tilde{x}}(\tau_i)\boldsymbol{B}^T=\boldsymbol{U}\boldsymbol{R}_s(\tau_i)\boldsymbol{U}^T \tag{4-58}$$

3. 联合矩阵对角化

联合矩阵对角化的目的是寻找一个正交矩阵$\boldsymbol{U}$，使能对角化一组矩阵，即

$$\boldsymbol{M}_i=\boldsymbol{U}\boldsymbol{R}_{\tilde{x}}(\tau_i)\boldsymbol{U}^T=\boldsymbol{R}_s(\tau)=\mathrm{diag}\left[\boldsymbol{R}_{s1}(\tau),\cdots,\boldsymbol{R}_{sn}(\tau)\right] \quad (i=1,2,\cdots,n) \tag{4-59}$$

式中，$\boldsymbol{M}_i$是时滞协方差矩阵集。矩阵$\boldsymbol{R}_{\tilde{x}}(\tau_i)$的完全联合对角化不易实现，只能进行联合近似对角化，最小化代价函数。一般常见的准则是最小二乘法，用于一般代价函数的最小化。

$$J(U)=\sum_{i=1}^{k} off\left(U^T M_i U\right) \tag{4-60}$$

其中，$off(M)=\sum_{i\neq j}\left|m_{ij}\right|^2$。

利用M_i的联合近似对角化求的酉矩阵U，则分离矩阵$B=U^TQ$，源信号的估计为$s'(t)=U^TQx(t)$，混合矩阵$A=Q^{-1}U$。

4.4　基于四阶循环累积量的 JADE 盲源分离算法

JADE（Joint Approximative Diagonalization of Eigenmatrix）[13]是特征矩阵联合近似对角化的简称。本节将传统的 JADE 方法应用到循环平稳信号的盲源分离方法中，从而推导出了利用信号的循环平稳性的四阶循环累积量的 JADE 盲源分离方法。

4.4.1　JADE 盲源分离算法原理

基于 JADE 法的原理框图如图 4–5 所示。

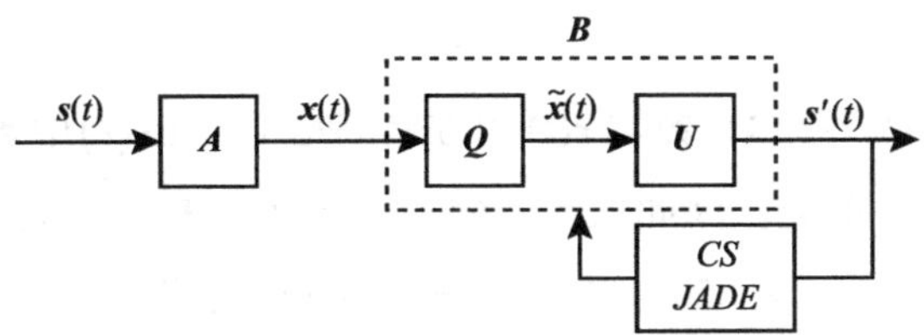

图 4–5　基于 JADE 法的原理框图

在图 4–5 中，$s(t)$是相互独立且方差为 1 的N个源信号，A是混合矩阵，$x(t)$是传感器检测到的M个由源信号线性混合后的信号，Q是白化矩阵，U是正交矩阵，矩阵$B=QU$称为分离矩阵。

基于 JADE 的盲源分离算法采用两步法进行解混：

第一步，先将观测信号$x(t)$作“白化处理”，以去除其各分量间的二阶相关性，Q是白化矩阵，$\tilde{x}(t)$是白化后得到的矢量，其各分量的方差为 1，而且互不相关。

第二步，“正交变换”使输出的各分量方差保持为 1，而且互相独立，$\boldsymbol{U}$是正交矩阵，$\boldsymbol{s}'(t)$是分离后的矢量。$\boldsymbol{s}'(t)$只是$\boldsymbol{s}(t)$的近似，在排列顺序和幅度上都允许不同。

在不考虑噪声的情况下，用矢量和矩阵表示为

$$\boldsymbol{x}(t)=\boldsymbol{A}\boldsymbol{s}(t) \tag{4-61}$$

$$\tilde{\boldsymbol{x}}(t)=\boldsymbol{Q}\boldsymbol{x}(t)=\boldsymbol{Q}\boldsymbol{A}\boldsymbol{s}(t)=\boldsymbol{V}\boldsymbol{s}(t) \tag{4-62}$$

$$\boldsymbol{s}'(t)=\boldsymbol{U}\tilde{\boldsymbol{x}}(t) \tag{4-63}$$

$$\boldsymbol{U}=\boldsymbol{V}\boldsymbol{A} \tag{4-64}$$

$$\boldsymbol{B}=\boldsymbol{U}^T\boldsymbol{Q} \tag{4-65}$$

信号的白化处理一般利用信号相关矩阵的特征值分解实现。设观测信号$\boldsymbol{x}(t)$的相关矩阵为$\boldsymbol{R}_x$，则由相关矩阵的性质知，$\boldsymbol{R}_x$存在特征值分解：

$$\boldsymbol{R}_x=\boldsymbol{U}\boldsymbol{\Sigma}^2\boldsymbol{U}^T \tag{4-66}$$

其中，矩阵$\boldsymbol{\Sigma}^2$为对角矩阵，其对角元素$\lambda_1^2,\lambda_2^2,\cdots,\lambda_n^2$为矩阵$\boldsymbol{R}_x$的特征值，而正交矩阵$\boldsymbol{U}$的列向量为与这些特征值对应的标准正交的特征矢量。

于是可以取白化矩阵为

$$\boldsymbol{Q}=\boldsymbol{\Sigma}^{-1}\boldsymbol{U}^T \tag{4-67}$$

由于源信号$\boldsymbol{s}(t)$和白化数据$\tilde{\boldsymbol{x}}(t)$的方差都是 1，且$\boldsymbol{s}(t)$中各元素相互独立，$\tilde{\boldsymbol{x}}(t)$中各元素相互正交，因此式（4–64）中的矩阵$\boldsymbol{V}$是正交归一化矩阵，即$\boldsymbol{V}\boldsymbol{V}^T=\boldsymbol{V}^T\boldsymbol{V}=\boldsymbol{I}_N$。式（4–65）中的矩阵$\boldsymbol{B}$称为分离矩阵。

由式（4–62）可推得$\tilde{x}$的四阶累积量为

$$\mathrm{cum}(\tilde{x}_i,\tilde{x}_j,\tilde{x}_h,\tilde{x}_l)=\sum_{p=1}^{N}k_p v_{ip}v_{jp}v_{hp}v_{lp};1\leqslant i,j,h,l\leqslant N \tag{4-68}$$

其中，k_p是信源$\boldsymbol{s}_p$的四阶累积量；v是矩阵$\boldsymbol{V}$中的对应元素。

对任意的N阶矩阵$\hat{\boldsymbol{M}}$，$\tilde{\boldsymbol{x}}$v 的四阶累积量矩阵$\boldsymbol{Q}_{\tilde{x}}\left(\hat{\boldsymbol{M}}\right)$的第$(i,j)$个元素定义如下

$$\left[\boldsymbol{Q}_{\tilde{x}}\left(\hat{\boldsymbol{M}}\right)\right]_{ij}=\sum_{k=1}^{N}\sum_{l=1}^{N}\mathrm{cum}(x_i,x_j,x_h,x_l)m_{hl},1\leqslant i,j\leqslant N \tag{4-69}$$

其中，m_{hl}为矩阵$\hat{\boldsymbol{M}}$的第(h,l)个元素。

令$v_p, p=1\sim N$代表矩阵$\boldsymbol{V}$的各列$\boldsymbol{V}=\left[v_1,\cdots,v_p,\cdots,v_N\right]$，且$v_p=\left[v_{p1},\cdots,v_{pN}\right]^T$。取矩阵$\hat{\boldsymbol{M}}$为

$$\hat{\boldsymbol{M}}=v_p v_p^T,\quad p=1\sim N \tag{4-70}$$

即矩阵$\hat{\boldsymbol{M}}$的第(i,j)个元素为$m_{hl}=v_{mh}v_{ml}$。

以$\hat{\boldsymbol{M}}$为权重构成的累积量矩阵$\boldsymbol{Q}_{\tilde{x}}\left(\hat{\boldsymbol{M}}\right)$必可以分解成

$$\boldsymbol{Q}_{\tilde{x}}\left(\boldsymbol{M}\right)=\lambda\boldsymbol{M} \tag{4-71}$$

也即其第(i,j)个元素可以表示成：

$$\left[\boldsymbol{Q}_{\tilde{x}}\left(\hat{\boldsymbol{M}}\right)\right]_{ij}=\lambda m_{ij} \tag{4-72}$$

其中，$\lambda=k_p$是信源s_p的四阶累积量。

$\hat{\boldsymbol{M}}$称为$\boldsymbol{Q}_{\tilde{x}}\left(\hat{\boldsymbol{M}}\right)$的特征矩阵，$k_p$是其特征值。

完成了$\boldsymbol{Q}_{\tilde{x}}\left(\hat{\boldsymbol{M}}\right)$的特征值分解，就能得到它的各特征矩阵$\hat{\boldsymbol{M}}=v_p v_p^T$，$p=1\sim \mathrm{N}$，也就能得到矩阵$\boldsymbol{V}$的各列，从而得到$\boldsymbol{V}$，并进一步分离出矩阵$\boldsymbol{A}$和各信源。

4.4.2 基于四阶循环累积量的 JADE 盲源分离算法

假设n个循环平稳源信号共有r个循环频率，分别为$\alpha_1,\cdots,\alpha_r, r<n$，每个循环频率分别含有的源信号个数为$n_{\alpha_1},\cdots,n_{\alpha_r}$。由于有些源信号有相同的循环频率，所以无法通过循环频率来实现信号分离。

本节提出的基于四阶循环累积量的 JADE 盲源分离算法，分别对每一个循环频率所对应的数据运用 JADE 法，从而实现对具有相同循环频率源信号有效的分离的目的。

具体步骤如下：

第一步，先用传统的白化方法对检测到的混合信号进行白化处理，去除其各分量间的二阶相关性，得到的白化数据记为$\tilde{\boldsymbol{x}}(t)$。

第二步，对循环频率α_1求循环相关矩阵$\boldsymbol{R}_{\tilde{x}}^{\alpha_1}$，则$\boldsymbol{R}_{\tilde{x}}^{\alpha_1}$中循环频率不为$\alpha_1$的部分为 0。令

$$\tilde{\boldsymbol{x}}^{\alpha_1}(t)=\boldsymbol{R}_{\tilde{x}}^{\alpha_1}\tilde{\boldsymbol{x}}(t) \tag{4-73}$$

则$\tilde{\boldsymbol{x}}^{\alpha_1}(t)$降维为$n^{\alpha_1}\times 1$的向量。

第三步，对向量$\tilde{\boldsymbol{x}}^{\alpha_1}(t)$求四阶循环累积量$\boldsymbol{Q}_{\tilde{x}}^{\alpha_1}$，并对$\boldsymbol{Q}_{\tilde{x}}^{\alpha_1}$进行特征值分解，得到

$$\boldsymbol{Q}_z^{\alpha_1}\left(\hat{\boldsymbol{M}}\right)=\lambda^{\alpha_1}\hat{\boldsymbol{M}}^{\alpha_1} \tag{4-74}$$

其中，$\lambda^{\alpha_1}=k_p^{\alpha_1}$是循环频率为$\alpha_1$的信源$\boldsymbol{s}_p^{\alpha_1}$的四阶循环累积量。因此$\hat{\boldsymbol{M}}^{\alpha_1}$称为$\boldsymbol{Q}_z^{\alpha_1}\left(\hat{\boldsymbol{M}}\right)$的特征矩阵，$k_p^{\alpha_1}$是其特征值。

只要完成了$\boldsymbol{Q}_z^{\alpha_1}\left(\hat{\boldsymbol{M}}\right)$的特征值分解，就能得到它的各特征矩阵$\hat{\boldsymbol{M}}^{\alpha_1}=v_p^{\alpha_1}v_p^{\alpha_1 T}$。也就能得到矩阵$\boldsymbol{V}^{\alpha_1}$的各列，从而得到$\boldsymbol{V}^{\alpha_1}$，并进一步求得$\boldsymbol{A}^{\alpha_1}$和各循环频率为$\alpha_1$的信源。

第四步，对其余的循环频率$\alpha_2,\cdots,\alpha_r$分别重复第二、三步的算法，从而分离出所有的源信号。

将（4–70）式代入（4–71）式得：

$$\begin{aligned}\left[\boldsymbol{Q}\tilde{\mathbf{x}}\left(\tilde{\boldsymbol{M}}\right)\right]_{ij}&=\sum_{h=1}^{N}\sum_{l=1}^{N}\mathrm{cum}(\tilde{x}_i,\tilde{x}_j,\tilde{x}_h,\tilde{x}_l)m_{hl}\\&=\sum_{h=1}^{N}\sum_{l=1}^{N}\left(\sum_{p=1}^{N}k_p v_{ip}v_{jp}v_{hp}v_{lp}\right)m_{hl}\\&=\sum_{p=1}^{N}k_p\left(\sum_{h=1}^{N}\sum_{l=1}^{N}v_{hp}v_{lp}m_{hl}\right)v_{ip}v_{jp}\\&=\sum_{p=1}^{N}k_p\left(v_p^T\hat{\mathbf{M}}v_p\right)v_{ip}v_{jp}\\&=\sum_{p=1}^{N}k_p v_p^T\hat{\mathbf{M}}v_p\left(v_p v_p^T\right)\end{aligned} \tag{4-75}$$

4.4.3 计算机仿真

实验中采取以下源信号：

幅度调制信号$s_1(t)=\sin(2\pi 250t)\mathrm{sign}\left[\cos(2\pi 55t)\right]$，如图 4–6（a）所示；

相位调制信号$s_2(t)=\sin\left[2\pi 250t+\cos(2\pi 60t)\right]$，如图 4–6（b）所示；

幅度调制信号$s_3(t)=\sin(2\pi 20t)\cos(2\pi 400t)$，如图 4–6（c）所示；

相位调制信号$s_4(t)=\sin\left[2\pi 400t+\cos(2\pi 60t)\right]$，如图 4–6（d）所示。

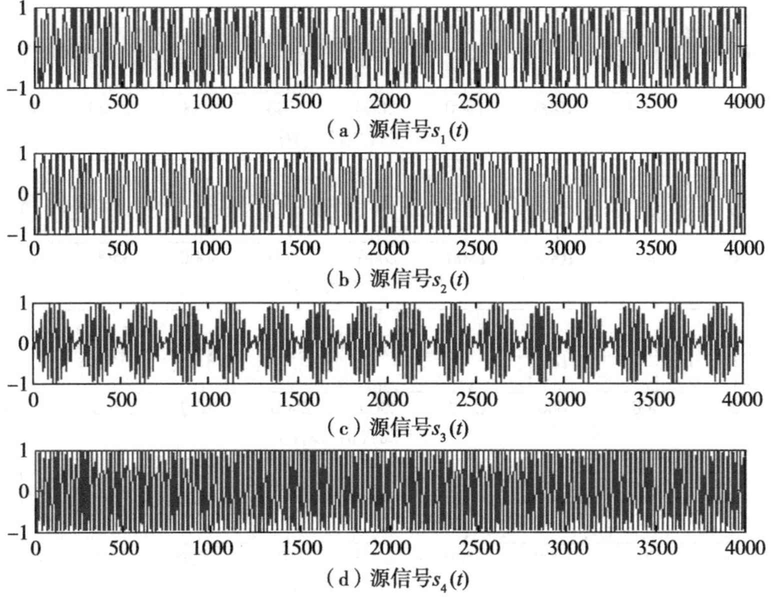

图 4-6 基于 JADE 法的源信号波形图

在仿真过程中，采样频率$fs = 10\text{kHz}$，数据长度为 4000。选取正态分布随机产生的混合矩阵为：

$$\boldsymbol{A} = \begin{bmatrix} -0.3127 & 0.3055 & 0.6863 & -0.7383 \\ -0.4846 & 0.8810 & 0.1673 & 0.2168 \\ 0.3101 & -0.4368 & 0.8119 & 0.4944 \\ -0.7680 & -0.9164 & 0.1001 & 0.2912 \end{bmatrix} \tag{4-76}$$

传感器接收到的混合信号如图 4-7 所示。

通过基于四阶循环累积量的 JADE 盲源分离算法进行处理后的分离信号如图 4-8 所示。通过和图 4-6 的源信号进行对比，可以发现，分离信号和源信号形状非常近似，只是信号的顺序和幅度不同。

图 4-9 中画出了 PI 在第 1~4000 步迭代过程中的收敛情况。从图中可以看出性能指标 PI 在大约第 1400 步迭代时开始收敛达到稳定值，稳定值约为 0.01。当信号完全分离，系统 PI=0。但是在实际中 PI 到达 0.01 时，即说明该算法成功地对循环平稳混合信号实现了盲分离。

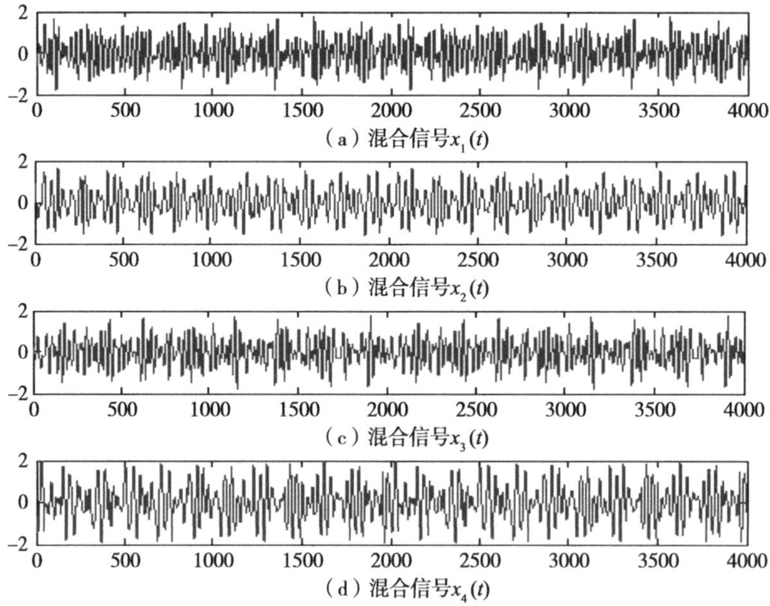

（a）混合信号$x_1(t)$

（b）混合信号$x_2(t)$

（c）混合信号$x_3(t)$

（d）混合信号$x_4(t)$

图 4-7　基于 JADE 法的混合信号波形图

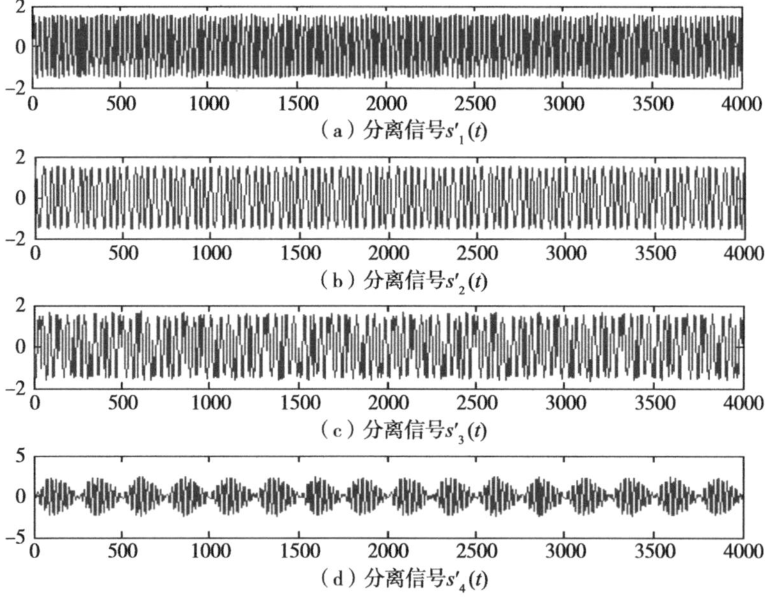

（a）分离信号$s'_1(t)$

（b）分离信号$s'_2(t)$

（c）分离信号$s'_3(t)$

（d）分离信号$s'_4(t)$

图 4-8　基于 JADE 法的分离信号波形图

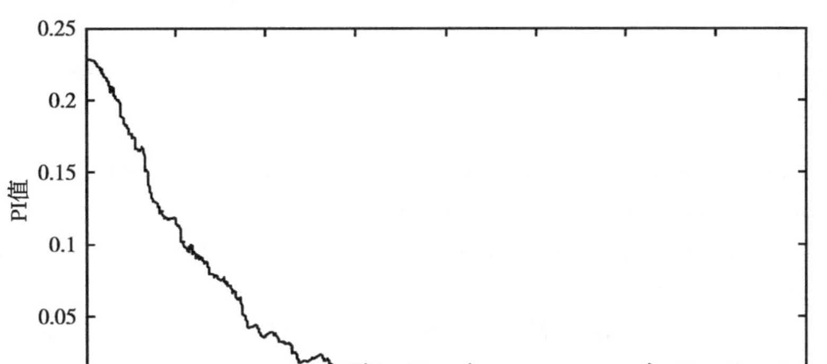

图 4-9 JADE 算法的 PI 学习曲线图

4.5 小 结

本章介绍了矩阵的对角化问题、矩阵特征值的分解理论，分析了分离矩阵的白化问题。根据循环平稳理论，易知循环累积量是分析数字通信信号的一种有效的信号处理工具，它吸取了高阶统计量和循环平稳两者的优点，在理论上可完全抑制任何平稳高斯或非高斯噪声以及非平稳的高斯噪声，可以得到较高的信噪比，从而有利于实现信号的最佳分离。

将循环平稳自相关函数引入到平均特征结构的鲁棒预白化二阶盲分离方法，首先对接收信号的协方差矩阵进行鲁棒白化，其次对其平均协方差矩阵进行联合近似对角化，最后得到了二阶循环平稳理论的鲁棒白化平均矩阵对角化盲源分离算法。

通过分析联合矩阵近似对角化方法，结合高阶循环累积量特性，以特征矩阵联合近似对角化理论为基础提出基于四阶循环累积量的 JADE 盲源分离算法。仿真试验表明，基于四阶循环累积量的 JADE 盲源分离算法具有良好的分离效果。

参考文献

[1] Cardoso J F，Souloumicac A. Blind beamforming for non-Gaussian signals [J]. IEE Proceedings F (Radar and Signal Processing)，1993，140 (6)：362-370.

[2] Cardoso J F，Laheld B. Equivariant adaptive source separation [J]. IEEE Trans Signals Processing，1996，44：3017-3030.

[3] 马杰，王昕，李锵，等. 基于特征值和奇异值分解方法的盲分离 [J]. 天津大学学报，2005，38 (8)：740-743.

[4] 刘阳，杨洪耕. 盲信号分离在电压闪变分析中的应用 [J]. 电工技术学报，2007，22 (3)：138-142.

[5] 职振华，马建芬. 一种新的用于语音分离的盲源分离算法 [J]. 计算机工程与应用，2007，43(30)：77-78.

[6] Andrzej C Shun-ichi A. 自适应盲信号与图像处理 [M]. 北京：电子工业出版社，2005.

[7] 张海燕. 基于循环平稳度和联合近似对角化的盲源分离算法研究 [D]. 太原：太原理工大学硕士学位论文，2011.

[8] A. Ypma，A. Leshem，and R. P. W. Duin. Blind Separation of rotating machine sources：bilinear forms and convolutive maxture [J]. Neurocomputing，2002，49：349-368.

[9] Li Xilin，Zhang Xianda. Nonorthogonal Joint Diagonalization Free of Degenerate Solution [J]. IEEE Transactions on Signal Processing，2007，55 (5)：1805-1808.

[10] 冯祥，李建东. 基于高阶循环累积量的SDAM信号调制识别算法 [J]. 电子与信息学报，2007，29 (1)：125-127.

[11] 赵菊敏，李灯熬，张海燕，等. 循环累积量矩阵联合对角化盲源分离算法. 弹箭与制导学报，2011，31 (5)：187-192.

[12] 张延良，楼顺天，张伟涛. 多维盲信源分离的联合块对角化方法 [J]. 信号处理，2010，16 (6)：880-885.

[13] 赵佳，杨景曙，金家保. 基于JADE算法的盲DOA估计 [J]. 通信学报，2010，31 (8)：91-97.

第 5 章

基于互信息量最小化的循环平稳信号盲源分离算法

盲源分离算法经过二十多年的研究，已经取得了诸多研究成果，并在多个领域成为研究热点。本章介绍的可以适用于分离循环平稳信号的盲源分离算法，以互信息量最小化为目标函数，通过自然梯度寻优算法，得到基于互信息量最小化的循环平稳信号盲源分离（MMI–CS–BBS）算法。

5.1 信息论的基本概念

5.1.1 KL 散度

KL 散度（Kullback–Leibler divergence）可以衡量两个概率密度函数的接近程度。

定义 5.1：KL 散度[1]

$$\mathrm{KL}[p(s_1')\,|\,p(s_2')]=\int p(s_1')\lg\frac{p(s_1')}{p(s_2')}\mathrm{d}s' \tag{5-1}$$

式中，$p(s_1')$、$p(s_2')$是关于s_1'、s_2'的两个不同的概率密度函数。

KL 散度的性质：

1）KL 散度是负的，即

$$\mathrm{KL}\left[p(s_1')\,|\,p(s_2')\right]\leqslant 0 \tag{5-2}$$

当且仅当$p(s_1')=p(s_2')$时等式成立。

2）s_1'、s_2'可逆的线性变换或非线性变换的 KL 散度保持不变，即

$$\mathrm{KL}\left[p(s'_1)\,|\,p(s'_2)\right]=\mathrm{K}\left\{p\left[f(s'_1)\right]|\,p\left[f(s'_2)\right]\right\} \tag{5-3}$$

注意：KL 散度是非对称的，即$\mathrm{KL}\left[p(s'_1)\,|\,p(s'_2)\right]\neq\mathrm{KL}\left[p(s'_2)\,|\,p(s'_1)\right]$。

5.1.2 互信息量

互信息量是衡量两个随机变量s'_1和s'_2的概率密度函数的相似程度，可以用在盲源分离过程中来衡量随机变量间的统计独立性。

定义 5.2：联合概率空间$\left\{S'_1S'_2,p\left(s'_1s'_2\right)\right\}$上的随机变量$I\left(s'_1;s'_2\right)$的数学期望，称为互信息量（Mutual Information，MI）[1]。

$$\begin{aligned}\mathrm{I}\left(S'_1;S'_2\right)&=E\left\{\mathrm{I}\left(s'_1,s'_2\right)\right\}=\sum_{s'_1,s'_2}p\left(s'_1,s'_2\right)\lg\frac{p\left(s'_1\,|\,s'_2\right)}{p\left(s'_1\right)}\\&=\iint p\left(s'_1,s'_2\right)\lg\frac{p\left(s'_1\,|\,s'_2\right)}{p\left(s'_1\right)}\mathrm{d}s'_1\mathrm{d}s'_2\\&=\iint p\left(s'_1,s'_2\right)\lg\frac{p\left(s'_1,s'_2\right)/\,p\left(s'_2\right)}{p\left(s'_1\right)}\mathrm{d}s'_1\mathrm{d}s'_2\\&=\iint p\left(s'_1,s'_2\right)\lg\frac{p\left(s'_1,s'_2\right)}{p\left(s'_1\right)p\left(s'_2\right)}\mathrm{d}s'_1\mathrm{d}s'_2\\&=\mathrm{KL}\left[p\left(s'_1,s'_2\right)|\,p\left(s'_1\right)p\left(s'_2\right)\right]\end{aligned} \tag{5-4}$$

5.2 基于互信息量的盲源分离算法

5.2.1 目标函数

1. 互信息最小化目标函数

由定义易见，KL 散度是统计独立性的参数，它与信息熵表示的互信息量意义相当。针对盲源分离技术的特点和假设条件，可以采用 KL 散度或互信息量作为其目标函数，并通过求解分离信号$\boldsymbol{s}'(t)$的互信息量最小化以实现盲源分离的目标。

假设s'_1和s'_2都为N维列向量，概率密度函数分别为$p(s'_1)$和$p(s'_2)$，两者的相互独立性可以用 KL 散度来衡量

$$\mathrm{KL}\left[p(s'_1)\,|\,p(s'_2)\right]=\int p(s'_1)\lg\left[\frac{p(s'_1)}{p(s'_2)}\right]\mathrm{d}s' \tag{5-5}$$

根据 KL 散度的性质（1）易知，$p(s'_1)$、$p(s'_2)$二者越不相似，KL 值越大。

假设N维分离出的列向量s'的联合概率密度函数为$p(\boldsymbol{s}')$，它的各个分量$\boldsymbol{s}'_i$的概率密度函数为$p(s'_i), i=1,\cdots,n$。如果$\boldsymbol{s}'$各分量相互统计独立，则输出$\boldsymbol{s}'$各分量间的互信息量可表示为

$$I(\boldsymbol{s}')=\mathrm{KL}\left[p(\boldsymbol{s}')\,|\prod_{i=1}^{N}p(s'_i)\right]=\int_{\mathbf{s}'}p(\boldsymbol{s}')\lg\left[\frac{p(\boldsymbol{s}')}{\prod_{i=1}^{\mathrm{N}}p(s'_i)}\right]\mathrm{d}\boldsymbol{s}' \tag{5-6}$$

由上式知，$I(\boldsymbol{s}')=0$、$p(\boldsymbol{s}')=\prod_{i=1}^{\mathrm{N}}p(s'_i)$和$\boldsymbol{s}'$的各分量相互统计独立这三种描述方式完全等价，$I(\boldsymbol{s}')$可作为盲源分离的目标函数对接收混合信号进行处理。并且，若使目标函数$I(\boldsymbol{s}')$趋于最小化，等同于减小了$\boldsymbol{s}'$中各个分量之间的依存性，$I(\boldsymbol{s}')=0$时各分量之间达到相互独立的关系。

若用熵作为盲源分离的目标函数，根据联合熵与互信息量的关系，得

$$H(\boldsymbol{s}')=H(\boldsymbol{s}'_1)+H(\boldsymbol{s}'_2)+\cdots+H(\boldsymbol{s}'_n)-I(\boldsymbol{s}') \tag{5-7}$$

式中，$H(s'_i)$为输出的边缘熵；$H(\boldsymbol{s}')$为最大的联合熵。由于熵能够表示随机变量无序性的度量以及信息量最小，即不确定信息的多少的测度，故可以用熵作为目标函数。根据信息论中熵的定义，易知$\boldsymbol{s}'$中各分量的统计独立性越高，则相对应的$\boldsymbol{s}'$的熵越大，所包含信息量也就越多。

2. 信息最大化或负熵最大化目标函数

如果信号的信噪比较高，输入信号与输出信号的互信息量最大就意味着信息冗余量最小，也就达到了输出信号之间互信息量最小化，从而使各输出分量互相统计独立。

定义 5.3：输出$\boldsymbol{s}'$的负熵[1]定义为

$$J(\boldsymbol{s}')=H(\boldsymbol{s}'_{\mathrm{g}})-H(\boldsymbol{s}') \tag{5-8}$$

式中，$\boldsymbol{s}'_{\mathrm{g}}$为与$\boldsymbol{s}'$方差相同的高斯随机向量。

由于对$\boldsymbol{s}'$进行任意的线性变换时，其负熵不变，并且，$J(\boldsymbol{s}')\geqslant 0$，当且仅当$\boldsymbol{s}'$是高斯分布时等号成立。所以，负熵是一个很好的目标函数。

负熵和互信息量的关系可表示为

$$I(\boldsymbol{s}')=J(\boldsymbol{s}')-\sum_{i=1}^{n}J_i(\boldsymbol{s}'_i)+\frac{1}{2}\lg\frac{\prod_{i=1}^{N}C_{ii}}{\det(\boldsymbol{C})} \tag{5-9}$$

式中，$\mathbf{C}$为$\boldsymbol{s}'$的协方差矩阵；C_{ii}为$\mathbf{C}$的对角元素。当$\boldsymbol{s}'$的各分量互不相关时，式（5-9）可简化为

$$I(\boldsymbol{s}')=J(\boldsymbol{s}')-\sum_{i=1}^{N}J(\boldsymbol{s}'_i) \tag{5-10}$$

由上式知，分离得到的信号$\boldsymbol{s}'$各分量之间的互信息量最小化等价于最大化各分量之间的负熵和。则基于负熵的目标函数可表示为

$$\rho(\boldsymbol{s}')=\sum_{i=1}^{N}J(\boldsymbol{s}'_i) \tag{5-11}$$

3. 最大似然目标函数

设$\hat{p}(\boldsymbol{x})$是观测信号概率密度$p(\boldsymbol{x})$的估计，$p(\boldsymbol{s})$为源信号的概率密度函数，通过线性变化即$\boldsymbol{x}=\boldsymbol{A}\boldsymbol{s}$，因为线性变换下两个概率密度函数相等，则$\hat{p}(\boldsymbol{x})$和$p(\boldsymbol{s})$满足

$$\hat{p}(\boldsymbol{x})=\frac{p_s(\boldsymbol{A}^{-1}\boldsymbol{x})}{|\det\boldsymbol{A}|} \tag{5-12}$$

定义 5.4：观测信号的似然函数[2]可定义为

$$L(\boldsymbol{A})=E\{\lg\hat{p}(\boldsymbol{x})\}=\int p(\boldsymbol{x})\lg\hat{p}(\boldsymbol{A}^{-1}\boldsymbol{x})\mathrm{d}\boldsymbol{x}-\lg|\det\boldsymbol{A}| \tag{5-13}$$

式中，$L(\boldsymbol{A})$表示混合矩阵$\boldsymbol{A}$的函数，当分离矩阵$\boldsymbol{B}=\boldsymbol{A}^{-1}$时，对数似然函数定义为

$$L(\boldsymbol{B})\approx\frac{1}{N}\sum_{i=1}^{N}\{\lg p(\boldsymbol{B}\boldsymbol{x})\}+\lg|\det\boldsymbol{B}| \tag{5-14}$$

式中，N表示独立同分布观测数据的采样数。

5.2.2 寻优算法

选择目标函数后，寻优算法的选择是十分重要的，本节介绍自然梯度算法及其稳定性。在数学上，称下降方向是按照直角坐标下最陡下降方向确定的为欧氏几何，若下降方向是按曲面坐标系下最陡下降方向确定的为黎曼几何。

在盲源分离算法中，选取的目标函数往往是一曲面，而随机梯度是在基于参数空间且具有正交坐标系的欧氏空间基础上提出的，为此，Amari 等最早提出了自然梯度的概念，自然梯度算法是一种比较经典的盲源分离算法，它在随机梯度算法上做了一种改进，且与随机梯度算法相比较，自然梯度算法的收敛速度更快。下面，将从信息最大化的理论基础来推导自然梯度算法[2]。信息最大化盲源分离算法原理框图如图 5-1 所示。

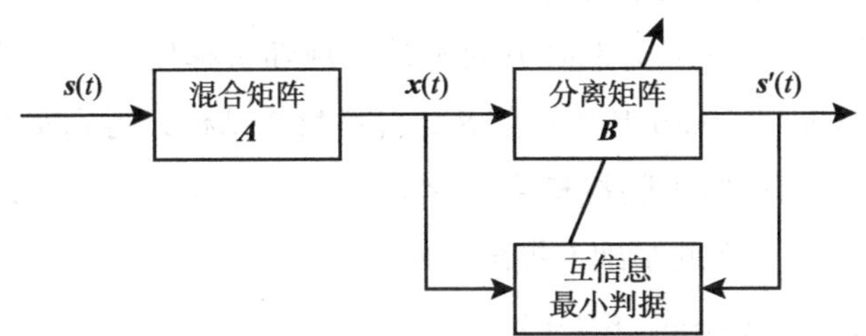

图 5-1 信息最大化盲源分离算法原理框图

图 5-1 中，$\boldsymbol{s}(t)=[\boldsymbol{s}_1(t),\boldsymbol{s}_2(t),\cdots,\boldsymbol{s}_N(t)]^T$ 表示源信号，$\boldsymbol{A}$ 为未知混合矩阵，$\boldsymbol{x}(t)=\left[\boldsymbol{x}_1(t),\boldsymbol{x}_2(t),\cdots,\boldsymbol{x}_M(t)\right]^T$ 是传感器接收到的观测信号，是待求的分离矩阵，$\boldsymbol{s}'(t)=\left[\boldsymbol{s}_1'(t),\boldsymbol{s}_2'(t),\cdots,\boldsymbol{s}_N'(t)\right]^T$ 为分离信号。

定义 5.5：梯度搜索寻优的目标就是使代价函数

$$\begin{aligned}R(\boldsymbol{B})&=K_{pq}=E\{\rho(\boldsymbol{s}',\boldsymbol{B})\}\\&=-H(\boldsymbol{x})-\lg\left|\det(\boldsymbol{B})\right|-\sum_{i=1}^{n}E\{\lg[p(\boldsymbol{s}'_i)]\}\end{aligned} \tag{5-15}$$

最小化，得到随机梯度下降算法

$$\Delta\boldsymbol{B}(t)=\boldsymbol{B}(t+1)-\boldsymbol{B}(t)=-\boldsymbol{\eta}(t)\nabla\rho\left[\boldsymbol{s}'(t),\mathbf{B}\right]=-\eta(t)\frac{\partial\rho\left[\boldsymbol{s}'(t),\boldsymbol{B}\right]}{\partial\boldsymbol{B}} \tag{5-16}$$

式中，$\eta(t)$ 为第 t 步迭代的学习速率，$\partial\rho/\partial\boldsymbol{B}$ 代表元素 $\partial\rho/\partial w_{ij}$ 的 $n\times n$ 阶梯度矩阵。对上式逐项微分得

$$\Delta\boldsymbol{B}(t)=-\eta(t)\frac{\partial\rho}{\partial\boldsymbol{B}}=\eta(t)\left\{\boldsymbol{B}^{-T}(t)-f\left[\boldsymbol{s}'(t)\right]\boldsymbol{x}^T(t)\right\} \tag{5-17}$$

式中，$\boldsymbol{B}^{-T}$ 是 $\boldsymbol{B}$ 的转置逆矩阵，$f(\boldsymbol{s}')=\left[f(s'_1),f(s'_2),\cdots,f(s'_n)\right]^T$ 为 $\boldsymbol{s}'$ 的线性函数，它的第 i 个分量为

$$f\left(s'_i\right)=-\frac{\mathrm{d}\lg p\left(s'_i\right)}{\mathrm{d}s'_i}=-\frac{\mathrm{d}p\left(s'_i\right)/\mathrm{d}s'_i}{p\left(s'_i\right)}=-\frac{p'\left(s'_i\right)}{p\left(s'_i\right)} \tag{5-18}$$

式中，$f\left(s'_i\right)$为激活函数；$p\left(s'_i\right)$为源信号$\{s_i\}$的近似概率密度函数。

式（5–16）中的随机梯度$\nabla\rho=\partial\rho/\partial\boldsymbol{B}$是损失函数$\rho$在欧式参数空间的最陡下降方向$-\partial\rho/\partial\boldsymbol{B}$。因为两个非奇异矩阵之积仍为非奇异矩阵，则此参数空间是一个单位矩阵的乘性群，具有李群（Lie Group）结构。

由于随机梯度优化方法的收敛比较慢，Yang 与 Amari[3] 验证了在矩阵$\boldsymbol{B}$的黎曼空间中真正的最陡下降方向不是常规随机梯度，而是黎曼梯度。因此 1997 年，Yang 与 Amari 基于矩阵$\boldsymbol{B}$的自然黎曼结构，得到实时自然梯度算法。本学习算法既保留了随机梯度优化方法的简单性和稳健性，又能够得到很好的渐近收敛性。在此基础上提出了加权矩阵$\boldsymbol{B}$的参数空间的自然黎曼度量（Natural Riemannian Metric，NRM）。

在参数$\boldsymbol{B}$的黎曼空间中真正的最陡下降方向是黎曼梯度，即

$$\nabla\rho\left(\boldsymbol{y},\boldsymbol{B}\right)=\frac{\partial\rho\left(\boldsymbol{s}',\boldsymbol{B}\right)}{\partial\boldsymbol{B}}\boldsymbol{B}^T\boldsymbol{B}=-\left[\boldsymbol{I}-f\left(\mathbf{s}'\right)\mathbf{s}'^T\right]\boldsymbol{B} \tag{5-19}$$

因此，有实时自然梯度学习算法[4] 如下所示

$$\Delta\boldsymbol{B}(t)=-\eta(t)\frac{\partial\rho\left(\boldsymbol{s}',\boldsymbol{B}\right)}{\partial\boldsymbol{B}}\boldsymbol{B}^T\boldsymbol{B}=\eta(t)\left\{\boldsymbol{I}-f\left[\boldsymbol{s}'\right]\boldsymbol{s}'^T\right\}\boldsymbol{B}(t) \tag{5-20}$$

它的批处理算法为

$$\Delta\boldsymbol{B}=-\eta(t)\frac{\partial\rho\left(\boldsymbol{s}',\boldsymbol{B}\right)}{\partial\boldsymbol{B}}\boldsymbol{B}^T\boldsymbol{B}=\eta(t)\left[\boldsymbol{I}-\langle f\left(\boldsymbol{s}'\right)\boldsymbol{s}'^T\rangle\right]\boldsymbol{B} \tag{5-21}$$

去掉数学期望运算符〈 〉后，式（5–21）可转化为实时算法式（5–20）。

考虑此方程的总体平均，对于式（5–21），它近似为微分方程

$$\frac{\mathrm{d}\boldsymbol{B}}{\mathrm{d}t}=\eta(t)E\left\{\boldsymbol{I}-f\left[\boldsymbol{s}'\right]\boldsymbol{s}'^T\right\}\boldsymbol{B}(t) \tag{5-22}$$

当s'_i与s'_j独立时，真实的分离矩阵$\boldsymbol{B}$就是次方程平衡点。由于s'_i与s'_j独立时，非对角项为

$$E\left\{f_i\left(s'_i\right)s'_j\right\}=0,\quad i\neq j \tag{5-23}$$

对角项为

$$E\left\{f\left(s'_i\right)s'_j\right\}=1 \tag{5-24}$$

所以，此时算法收敛于平衡点。

变分方程如下所示

$$\frac{\mathrm{d}}{\mathrm{d}t}\delta\boldsymbol{B}(t)=\eta(t)\frac{\partial E\left\{\boldsymbol{I}-f\left[\boldsymbol{s}'\right]\boldsymbol{s}'^{T}\right\}}{\partial\boldsymbol{B}}\delta\boldsymbol{B}(t) \tag{5-25}$$

式（5–25）展示了真解$\boldsymbol{B}$附近小扰动$\delta\boldsymbol{B}(t)$的动态特性，其中$(\partial/\partial\boldsymbol{B})\delta\boldsymbol{B}$可用$\sum(\partial/\partial b_{ij})\delta b_{ij}$元素形式表示。

Hessian 扩展矩阵的数学期望如下所示

$$-E\left\{\frac{\partial^2\rho(\boldsymbol{s}',\boldsymbol{B})}{\partial\boldsymbol{B}\partial\boldsymbol{B}^T}\boldsymbol{B}^T\boldsymbol{B}\right\} \tag{5-26}$$

为了证明其算法的稳定性，检验其在平衡点$\boldsymbol{B}_*$的特征值。当特征值的所有实部均为负时，平衡点$\boldsymbol{B}_*$就是稳定点，也称平衡点。

要建立稳定性条件，计算式（5–26）的所有特征值。因为$\boldsymbol{I}-f(\boldsymbol{s}')\boldsymbol{s}'^T$由代价函数$\rho$的梯度推导而来，所以根据$\mathrm{d}\boldsymbol{X}$计算$\rho$的二阶微分

$$\mathrm{d}^2\rho=\sum_{i,j,h=1}^{N}\frac{\partial^2\rho(\boldsymbol{s}',\boldsymbol{B})}{\partial b_{ij}\partial b_{hl}}\mathrm{d}b_{ij}\mathrm{d}b_{hl} \tag{5-27}$$

对于这种二次型，当且仅当其数学期望正定时平衡点达到稳定。

此二次型的二阶全微分如下所示

$$\begin{aligned}\mathrm{d}^2\rho&=\boldsymbol{s}'^T\mathrm{d}\boldsymbol{X}^T f'(\boldsymbol{s}')\mathrm{d}\boldsymbol{s}'+f^T(\boldsymbol{s}')\mathrm{d}\boldsymbol{X}\mathrm{d}\boldsymbol{s}'\\&=\boldsymbol{s}'^T\mathrm{d}\boldsymbol{X}^T f'(\boldsymbol{s}')\mathrm{d}\boldsymbol{X}\boldsymbol{s}'+f^T(\boldsymbol{s}')\mathrm{d}\boldsymbol{X}\mathrm{d}\boldsymbol{X}\boldsymbol{s}'\end{aligned} \tag{5-28}$$

式中，$f'(\boldsymbol{s}')$为对角矩阵；$f'(s'_i)$为其对角元素，右边第一项$\boldsymbol{s}'^T\mathrm{d}\boldsymbol{X}^T f'(\boldsymbol{s}')\mathrm{d}\boldsymbol{X}\boldsymbol{s}'$的数学期望为

$$\begin{aligned}E\left\{\boldsymbol{s}'^T\mathrm{d}\boldsymbol{X}^T f'(\boldsymbol{s}')\mathrm{d}\boldsymbol{X}\boldsymbol{s}'\right\}&=\sum E\left\{s'_i\mathrm{d}x_{ji}f'_j(s'_j)\mathrm{d}x_{jk}s'_k\right\}\\&=\sum_{j\neq i}E\left\{(s'_i)^2\right\}E\left\{f'_j(s'_j)\right\}(\mathrm{d}x_{ji})^2+\sum_i E\left\{(s'_j)^2 f'_i(s'_i)\right\}(\mathrm{d}x_{ii})^2\\&=\sum_{j\neq i}\sigma_i^2 c_j(\mathrm{d}x_{ji})^2+\sum_i m_i(\mathrm{d}x_{ii})^2\end{aligned} \tag{5-29}$$

式中，$m_i=E\left\{s_i'^2 f'_i(s'_i)\right\};c_i=E\left\{f'_i(s'_i)\right\};\sigma_i^2=E\left\{|s'_i|^2\right\};f'_i(\boldsymbol{s}')=\mathrm{d}f_i(s'_i)/\mathrm{d}s'_i$，其中，$s'_i$是第$i$个输出信号的估计。若在$\boldsymbol{B}=\boldsymbol{A}^{-1}$处取得其期望值，则各$s'_i$相互独立。

令

$$E\left\{s'_i f_i(s'_i)\right\}=1$$

$$E\left\{f^T\left(s'\right)\mathrm{d}x\mathrm{d}xs'\right\}=\sum E\left\{s'_i f_i\left(s'_i\right)\right\}\mathrm{d}x_{ij}\mathrm{d}x_{ji}=\sum_{i,j}\mathrm{d}x_{ij}\mathrm{d}x_{ji} \tag{5-30}$$

则有

$$E\left\{\mathrm{d}^2\rho\right\}=\sum_{j\neq i}\left\{\sigma_i^2 c_j\left(\mathrm{d}x_{ji}\right)^2+\mathrm{d}x_{ij}\mathrm{d}x_{ji}\right\}+\sum_i\left(m_i+1\right)\left(\mathrm{d}x_{ii}\right)^2 \tag{5-31}$$

对于下标$(i,j),i\neq j$，式（5–31）右边第一项$\sum_{j\neq i}\left\{\sigma_i^2 c_j\left(\mathrm{d}x_{ji}\right)^2+\mathrm{d}x_{ij}\mathrm{d}x_{ji}\right\}$可重写为

$$k_{ij}=\sigma_i^2 c_j\left(\mathrm{d}x_{ji}\right)^2+\sigma_j^2 c_i\left(\mathrm{d}x_{ij}\right)^2+2\mathrm{d}x_{ij}\mathrm{d}x_{ji} \tag{5-32}$$

$k_{ij}\left(i\neq j\right)$是$\left(\mathrm{d}x_{ij},\mathrm{d}x_{ji}\right)$处的二次型，且

$$E\left\{\mathrm{d}^2\rho\right\}=\sum_{i\neq j}k_{ij}+\sum_i\left(m_i+1\right)\left(\mathrm{d}x_{ii}\right)^2 \tag{5-33}$$

当且仅当下列稳定条件

$$\begin{aligned}&m_i+1>0\\&c_i>0\\&\gamma_{ij}=\sigma_i^2\sigma_j^2 c_i c_j>1,\ 1\leqslant i<j\leqslant m\end{aligned} \tag{5-34}$$

成立时，矩阵$\left(k_{ij}\right)$正定。

以上证明表示，当假设的概率密度函数$q(\boldsymbol{s}')$等于真实源信号的概率分布$p_s\left(\boldsymbol{s}\right)$或与它近似时，上述条件成立。当满足上述条件时，对于假设的概率密度函数$q(\boldsymbol{s}')$和相应的激活函数$f\left(\boldsymbol{s}'\right)$，真解为实时学习算法的稳定平衡点。

5.3 基于最小互信息量的循环平稳盲源分离算法

5.3.1 信息量最小化准则

考虑一个单层$N-m$结构的线性网络，图5–2所示，假设N维输入向量$\boldsymbol{x}\left(t\right)$是一个零均值平稳随机过程，其自相关矩阵$\boldsymbol{R}_{\boldsymbol{x}}=\left\{\boldsymbol{x}\left(t\right)\boldsymbol{x}^T\left(t\right)\right\}$，即Hermite矩阵，有$N$个正的特征值并按升序排列，即$0<\lambda_1\leqslant\lambda_2\leqslant\cdots\leqslant\lambda_m<\lambda_{m+1}<\cdots<\lambda_N$，相应的单位特征值向量为$\boldsymbol{v}_1,\boldsymbol{v}_2,\cdots,\boldsymbol{v}_N$。

$\boldsymbol{R}_{\boldsymbol{x}}$为$\boldsymbol{x}\left(t\right)$的自相关矩阵，其中小特征值$\sigma^2$有$m$个，且$m=\boldsymbol{N}-p$，即

$\lambda_1=\lambda_2=\cdots=\lambda_m=\sigma^2$。$\lambda_i$、$\boldsymbol{v}_i\left(i=1,2,\cdots,m\right)$通常称为噪声特征值和特征向量，而$\boldsymbol{v}_i$、$\lambda_i\left(i=m+1,m+2,\cdots,N\right)$为信号特征向量和特征值。通常，把$\boldsymbol{V}_M=\left[\boldsymbol{v}_1,\cdots,\boldsymbol{v}_m\right]$和$\boldsymbol{V}_p=\left[\boldsymbol{v}_{m+1},\cdots,\boldsymbol{v}_N\right]$张成的子空间分为次分量子空间和主分量子空间，分别简称为次子空间和主子空间。

从信息传输的角度看，把输入数据向量投影到主子空间即使线性网络的输入和输出的互信息量为最大，主元分析实现了最大互信息量传输。同理，把输入数据向量投影到次子空间时，输入和输出间的互信息量为最小，因此 MCA 就可以用来实现这个最小化互信息量的传输。对于图 5–2 给出最小信息准则，即

$$J_{\text{AMEX}}\left(\boldsymbol{B}\right)=\min_{W}\left(\frac{1}{2}\left\{\text{tr}\left(\boldsymbol{B}^T\boldsymbol{R}_x\boldsymbol{B}\right)-\text{tr}\left[\log\left(\boldsymbol{B}^T\boldsymbol{B}\right)\right]\right\}\right) \tag{5–35}$$

式中$\boldsymbol{B}$包含了特征值及相应的特征向量，这本身就是一种很好的加权处理，这使它也适合于各个小特征不相等的情况，即 MCA。$\boldsymbol{B}=\boldsymbol{V}_M\boldsymbol{\Lambda}_M^{-1/2}\boldsymbol{P}_m$，特征值越小，相应分量的加权就越大，即最小的特征值有最大的权重，这就实现了自动学习加权，使最小的分量最优先收敛，能并行提取多个次分量。已证明对$J_{\text{AMEX}}\left(\boldsymbol{B}\right)$进行梯度搜索收敛比线性约束最小方差准则快。

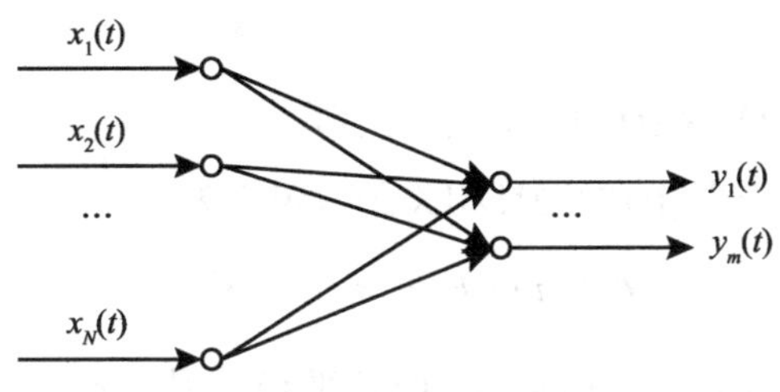

图 5–2　用于 MCA 的单层线性网络

5.3.2　基于最小互信息量的循环平稳盲源分离算法

由传统的盲源分离算法可知，为了实现算法的简单化，通常做出如下假设：

1）源信号$\boldsymbol{s}_i(t)$ $1\leqslant i\leqslant N$都是零均值的随机信号，且在任意时刻均相互统计独立。

2）只允许一个源信号$s_i(t)$的概率密度函数是高斯函数。

3）源信号$s_i(t)$ $1\leqslant i\leqslant N$是广义的二阶循环平稳过程。

4）加性噪声$n(t)$为平稳过程。

5）α_i是s_i的非零循环频率，且满足$i\neq j$时$\alpha_i\neq\alpha_j$。

本文提出的循环平稳信号的盲源分离原理框图如图 5-3 所示。

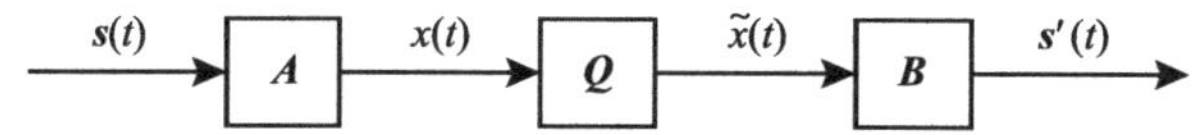

图 5-3 基于互信息量最小化循环平稳信号的盲源分离原理框图

图 5-3 中$\boldsymbol{s}(t)$是具有循环平稳特性的源信号，$\boldsymbol{A}$是未知混合矩阵，$\boldsymbol{x}(t)$为观测信号，$\boldsymbol{Q}$是白化矩阵，$\tilde{\boldsymbol{x}}(t)$为白化后信号，$\boldsymbol{B}$是分离矩阵，$\boldsymbol{s}'(t)$是分离后的估计信号。该算法经过白化处理对观测信号$\boldsymbol{x}(t)$去相关后，采用互信息量为目标函数来度量分离信号的循环相关矩阵和单位阵的相似程度，通过自然梯度寻优算法来实现互信息量的最小化，得到理想的分离矩阵$\boldsymbol{B}$，实现对接收信号的分离。由前面盲源分离基础知识，可以推导出如下的数学关系式

$$\tilde{\boldsymbol{x}}(t)=\boldsymbol{Q}(t)\boldsymbol{A}(t)\boldsymbol{s}(t) \tag{5-36}$$

$$\boldsymbol{s}'(t)=\boldsymbol{B}(t)\boldsymbol{Q}(t)\boldsymbol{A}(t)\boldsymbol{s}(t) \tag{5-37}$$

其中，$\boldsymbol{B}(t)\boldsymbol{Q}(t)\boldsymbol{A}(t)=\boldsymbol{G}(t)$为全局传输矩阵。

二阶循环平稳信号$\boldsymbol{s}_i(\mathrm{t})$的循环相关函数定义为：

$$\boldsymbol{R}_{s_i}^{\alpha_i}(t,\tau)=E\left\{\mathrm{e}^{\mathrm{j}\alpha_i t}\boldsymbol{s}_i(t+\tau)\boldsymbol{s}_i^*(t)\right\} \tag{5-38}$$

式中，$\boldsymbol{s}_i(\mathrm{t})(1\leqslant i\leqslant N)$是广义的二阶循环平稳信号，$\alpha_i$是$s_i$的非零循环频率，且$\alpha_i\neq\alpha_j(i\neq j)$，$j=\sqrt{-1}$。

当$\tau=0$时，式（5-38）变为

$$\boldsymbol{R}_{s_i}^{\alpha_i}(t,0)=E\left\{\mathrm{e}^{\mathrm{j}\alpha_i t}\boldsymbol{s}_i(t)\boldsymbol{s}_i^*(t)\right\} \tag{5-39}$$

由文献［5］知

$$E\left\{\mathrm{e}^{\mathrm{j}\alpha_i t}\boldsymbol{s}_i(t+\tau)\boldsymbol{s}_j^*(t)\right\}=0 \qquad i\neq j \tag{5-40}$$

$$E\left\{\mathrm{e}^{\mathrm{j}\alpha_i t}\boldsymbol{s}_j(t+\tau)\boldsymbol{s}_j^*(t)\right\}=0 \qquad \alpha_i\neq\alpha_j \tag{5-41}$$

$$E\left\{\mathrm{e}^{\mathrm{j}\alpha_i t}\boldsymbol{s}_i(t)\boldsymbol{s}_i^*(t)\right\}>0 \quad \forall i \tag{5-42}$$

由式（5-40）、式（5-41）和式（5-42）得

$$\boldsymbol{R}_{\boldsymbol{s}}^{\alpha_i}(t,0)=\begin{pmatrix}0 & \cdots & 0\\ \vdots & k_i & \vdots\\ 0 & \cdots & 0\end{pmatrix}\quad k_i\neq 0 \tag{5-43}$$

由式（5-43）可以得到$\boldsymbol{s}(t)$的循环相关矩阵：

$$\begin{aligned}\boldsymbol{R}_{\boldsymbol{s}}^{\alpha}(t,0)&=E\left[\mathrm{e}^{\mathrm{j}\alpha_1 t}\boldsymbol{s}(t)\boldsymbol{s}^{\mathrm{H}}(t)\right]+\cdots+E\left[\mathrm{e}^{\mathrm{j}\alpha_m t}\boldsymbol{s}(t)\boldsymbol{s}^{H}(t)\right]\\&=\sum_{i=1}^{m}E\left[\mathrm{e}^{\mathrm{j}\alpha_i t}\boldsymbol{s}(t)\boldsymbol{s}^{H}(t)\right]=\begin{pmatrix}k_1 & \cdots & 0\\ \vdots & k_i & \vdots\\ 0 & \cdots & k_M\end{pmatrix}\quad k_1\cdots k_M\neq 0\end{aligned} \tag{5-44}$$

混合信号的循环相关矩阵为

$$\begin{aligned}\boldsymbol{R}_{\boldsymbol{x}}^{\alpha}(t,0)&=E\left[\mathrm{e}^{\mathrm{j}\alpha t}\boldsymbol{x}(t)\boldsymbol{x}^{H}(t)\right]\\&=\boldsymbol{A}(t)\boldsymbol{R}_{\boldsymbol{s}}^{\alpha}(t,0)\boldsymbol{A}^{H}(t)\end{aligned} \tag{5-45}$$

同理，白化后的信号的循环相关矩阵为

$$\begin{aligned}\boldsymbol{R}_{\tilde{\boldsymbol{x}}}^{\alpha}(t,0)&=E\left[\mathrm{e}^{\mathrm{j}\alpha t}\tilde{\boldsymbol{x}}(t)\tilde{\boldsymbol{x}}^{H}(t)\right]\\&=\boldsymbol{Q}(t)\boldsymbol{A}(t)\boldsymbol{R}_{\boldsymbol{s}}^{\alpha}(t,0)\boldsymbol{A}^{H}(t)\boldsymbol{Q}^{H}(t)\end{aligned} \tag{5-46}$$

分离后估计信号的循环相关矩阵为

$$\begin{aligned}\boldsymbol{R}_{\boldsymbol{s}'}^{\alpha}(t,0)&=E\left[\mathrm{e}^{\mathrm{j}\alpha t}\boldsymbol{s}'(t)\boldsymbol{s}'^{H}(t)\right]\\&=\boldsymbol{B}(t)\boldsymbol{Q}(t)\boldsymbol{A}(t)\boldsymbol{R}_{\boldsymbol{s}}^{\alpha}(t,0)\boldsymbol{A}^{H}(t)\boldsymbol{Q}^{H}(t)\boldsymbol{B}^{H}(t)\end{aligned} \tag{5-47}$$

白化矩阵$\boldsymbol{Q}$通过对$\boldsymbol{R}_{\boldsymbol{x}}^{\alpha}(t,0)$的特征值分解（Eigen Value Decomposition, EVD）直接求出[6]。为实现良好分离性能，分离后估计信号的循环相关矩阵须满足下式：

$$\lim_{t\to\infty}\boldsymbol{R}_{\boldsymbol{s}'}^{\alpha}(t,0)=\boldsymbol{I}_m \tag{5-48}$$

因互信息量可用来度量$\boldsymbol{R}_{\boldsymbol{s}'}^{\alpha}(t,0)$和$I_m$的相似度，将$\boldsymbol{I}\left[\boldsymbol{B}(t)\right]$作为本算法的目标函数，互信息量可表示为[7]

$$I\left[\boldsymbol{B}(t)\right]=\mathrm{KL}\left[\boldsymbol{B}(t)\right]=\frac{1}{2}\left(\mathrm{tr}\left[\boldsymbol{R}_{\boldsymbol{s}'}^{\alpha}(t,0)\right]-\lg\left\{\det\left[\boldsymbol{R}_{\boldsymbol{s}'}^{\alpha}(t,0)\right]\right\}-m\right) \tag{5-49}$$

为使式（5-49）最小化，将自然梯度寻优算法应用到上式中得[8]

$$\boldsymbol{B}(t+1)=\boldsymbol{B}(t)+\eta(t)\left[\boldsymbol{I}-\phi(s')s'^{T}+\boldsymbol{I}-\boldsymbol{R}_{\boldsymbol{s}'}^{\alpha}(t,0)\right]\boldsymbol{B}(t) \tag{5-50}$$

式中，$\eta(t)$为第t步迭代学习速率；$\phi(\boldsymbol{s}')$为$\boldsymbol{s}'$的非线性激活函数，分离后估计

信号的循环相关矩阵$\boldsymbol{R}_{s'}^{\alpha}(t,0)$由瞬时统计量的指数加权平均来估算如下

$$\boldsymbol{R}_{s'}^{\alpha_i}(t+1,0)=(1-\delta)\boldsymbol{R}_{s'}^{\alpha_i}(t,0)+\delta\left[\cos(\alpha_i t)\boldsymbol{s}'(t)\boldsymbol{s}'^{T}(t)\right] \tag{5-51}$$

$$\boldsymbol{R}_{s'}^{\alpha_i}(0,0)=\boldsymbol{AB}(0)\boldsymbol{R}_{s}^{\alpha_i}(0,0) \tag{5-52}$$

$$\boldsymbol{R}_{s'}^{\alpha}(t,0)=\sum_{i=1}^{m}\boldsymbol{R}_{s'}^{\alpha_i}(t,0) \tag{5-53}$$

式（5-51）中，δ为计算$\boldsymbol{R}_{s'}^{\alpha}(t,0)$的学习速率。

5.3.3 计算机仿真

在算法仿真中，源信号$\mathbf{s}(t)$分别采用：

幅度调制信号$s_1(t)=\sin\left\{(2\pi 250t)\operatorname{sign}\left[\cos(2\pi 55t)\right]\right\}$，如图 5-4（a）所示；

相位调制信号$s_2(t)=\sin\left[2\pi 200t+\cos(2\pi 60t)\right]$，如图 5-4（b）所示；

频率调制信号$s_3(t)=\sin\left[2\pi 300t+\dfrac{100}{\pi}\sin(2\pi 50t)\right]$，如图 5-4（c）所示；

幅度调制信号$s_4(t)=\sin(2\pi 20t)\cos(2\pi 400t)$，如图 5-4（d）所示。

在仿真过程中，采样频率$fs=10\text{kHz}$，数据长度为 4000。

选取正态分布随机信号产生的混合矩阵为

$$\mathbf{A}=\begin{pmatrix} 0.0828 & 0.6794 & -0.9338 & 0.7260 \\ -0.7397 & -0.7457 & -0.3299 & -0.6375 \\ -0.8685 & 0.5242 & -0.7408 & 0.1397 \\ 0.4711 & -0.2917 & 0.9801 & -0.7806 \end{pmatrix} \tag{5-54}$$

生成的混合信号$\boldsymbol{x}(t)$如图 5-5 所示。其中，图 5-5 是图 5-4 中 4 个具有循环平稳性的源信号$s_1(t)$、$s_2(t)$、$s_3(t)$、$s_4(t)$经矩阵$\boldsymbol{A}$混合后的波形图，从图中可以看出，几种信号波形都不同程度地发生了畸变，与源信号差别很大，不能有效提取源信号的信息。

本算法采用 Yang–Amari 算法中的非线性激活函数$\phi\left[\boldsymbol{s}'(t)\right]$，其计算过程如下：

$$\phi\left[\mathbf{s}'(t)\right]=F_1(f_1,f_2)\otimes\boldsymbol{s}'^{2}(t)+F_2(f_1,f_2)\otimes\boldsymbol{s}'^{3}(t) \tag{5-55}$$

式中，$\otimes$表示向量的 Hadamard 积，且$F_1(f_1,f_2)$和$F_2(f_1,f_2)$分别表示为

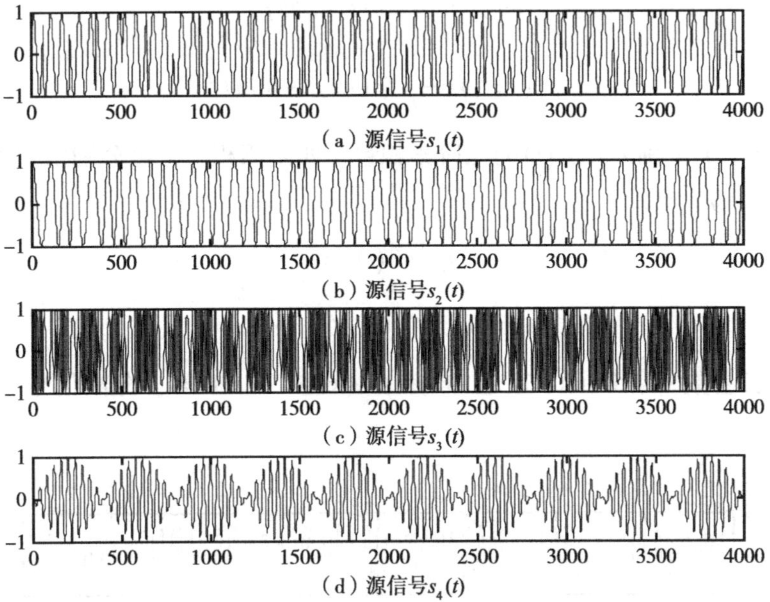

（a）源信号$s_1(t)$

（b）源信号$s_2(t)$

（c）源信号$s_3(t)$

（d）源信号$s_4(t)$

图 5-4 基于最小互信息量的循环平稳盲源分离算法源信号波形图

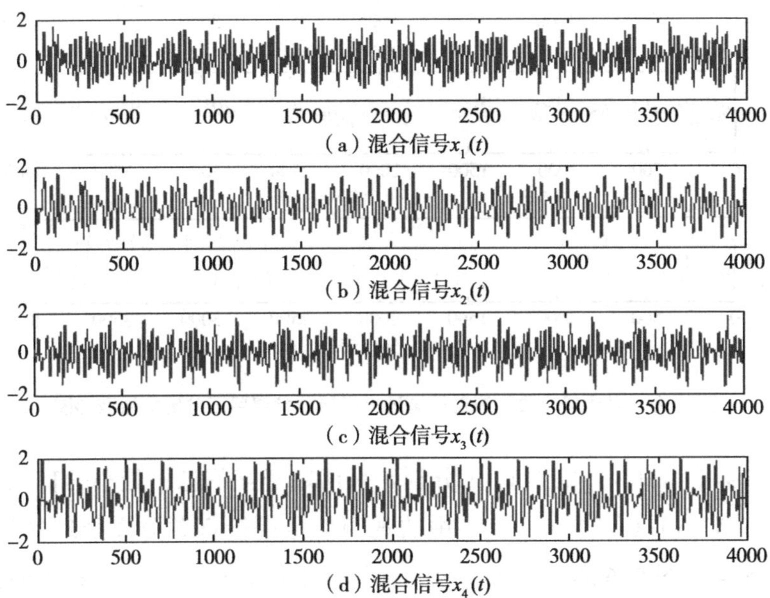

（a）混合信号$x_1(t)$

（b）混合信号$x_2(t)$

（c）混合信号$x_3(t)$

（d）混合信号$x_4(t)$

图 5-5 基于最小互信息量的循环平稳盲源分离算法混合信号波形图

$$F_1(f_1,f_2) = -0.5f_1 + 2.25f_1f_2 \tag{5-56}$$

$$F_2(f_1,f_2) = -\frac{1}{6}f_2 + 1.5f_1^2 + 0.75f_2^2 \tag{5-57}$$

其中，f_1、f_2分别表示$\boldsymbol{s}'(t)$的三阶累积量、四阶累积量，可分别由式（5-58）和式（5-59）估计

$$f_1 = \boldsymbol{s}'^3(t) + \mathrm{e}^{\mu t} \tag{5-58}$$

$$f_2 = \boldsymbol{s}'^4(t) + \mathrm{e}^{\mu t} - 3 \tag{5-59}$$

μ为步长参数[9]，取 0.006。且取$\eta(t) = 0.005$、$\delta = 0.05$。分离信号如图 5-6 所示：

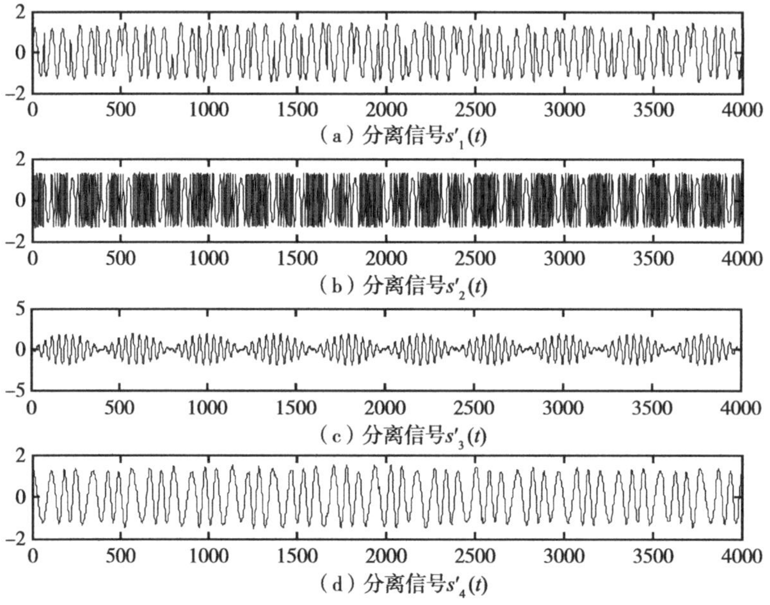

图 5-6 基于最小互信息量的循环平稳盲源分离算法分离信号波形图

图 5-6（a）、（b）、（c）、（d）分别是采用基于互信息量最小的盲源分离算法对图 5-5（a）、（b）、（c）、（d）中的观测信号进行盲源分离处理的效果图。比较图 5-4 和图 5-6 的波形图易见，新算法对混合信号进行分离后的信号波形恢复较好，尽管信号幅度发生了衰减，但通过放大器就能够恢复其幅度，不

影响实际信号的接收。可见，本算法对于混合了具有平稳特性的随机噪声的AM、FM、PM 等具有循环平稳性的通信信号具有较为理想的分离效果。

5.3.4 算法性能分析

在充分利用源信号的循环平稳特性的同时，提出了一种适用于循环平稳信号的盲源分离算法。首先通过白化处理对观测信号去相关，其次以互信息量为目标函数来度量分离信号的循环相关矩阵和单位阵的相似程度，最后通过自然梯度寻优算法来实现互信息量的最小化，从而得到理想的分离矩阵。为了验证基于互信息量最小的盲源分离算法的性能，对几种常见的具有循环平稳特性的调制信号 AM、PM、FM 信号进行了盲源分离，测试其盲源分离的效果，并且对该算法的收敛速度进行了测试。为了定量地评价本算法的分离效果，采用如下两个性能指标进行衡量。

1. 分离信号与源信号的相似系数

从表 5-1 中可以看出，与传统盲源分离算法相比，本算法能够实现循环平稳信号的有效分离，且分离效果优于传统自然梯度算法。

表 5-1 本算法与自然梯度算法的相似系数的对比

本算法	自然梯度算法
$\begin{pmatrix} 0.0413 & 0.0398 & 0.9981 & 0.0382 \\ 0.0218 & 0.9908 & 0.0244 & 0.0430 \\ 0.9958 & 0.0760 & 0.0294 & 0.0390 \\ 0.0719 & 0.0147 & 0.0211 & 0.9971 \end{pmatrix}$	$\begin{pmatrix} 0.1043 & 0.0501 & 0.9944 & 0.0113 \\ 0.1752 & 0.9828 & 0.0442 & 0.0550 \\ 0.9918 & 0.0627 & 0.0877 & 0.0631 \\ 0.0167 & 0.1135 & 0.0201 & 0.9930 \end{pmatrix}$

2. 性能指数

当分离出的 $\boldsymbol{s}'(t)$ 与源信号 $\boldsymbol{s}(t)$ 波形完全相同时，PI=0。但在实际中只要PI到达 0.01 时，就说明该算法的分离性能较好[2]。本算法的PI收敛曲线见图 5-7。

图 5-7 中的PI值为 100 次仿真结果的平均。由图中可以看出，算法在 400 次时就达到平衡点且算法的收敛点小于 0.01，说明本算法的分离效果已经很好且收敛速度很快。

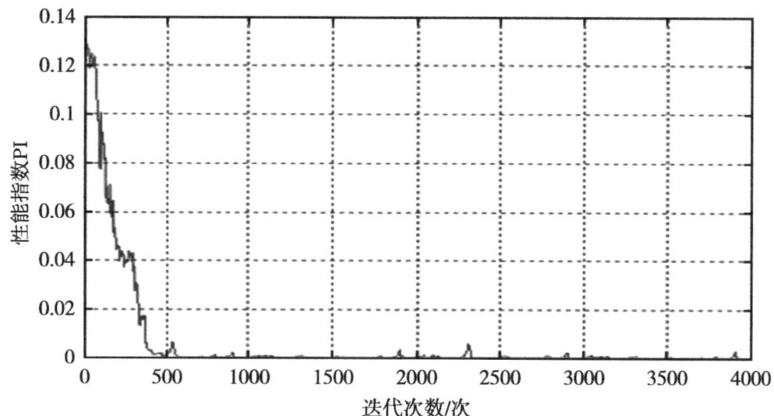

图 5-7 性能指数 PI 收敛曲线

5.4 小 结

本章介绍了互信息量与 KL 散度及其性质，分析了信号源的不确定性与可分离性，并将自然梯度算法应用到分离矩阵的寻优过程中，根据自然梯度寻优准则提出了以互信息量作为目标函数的基于最小互信息量的循环平稳盲源分离算法。

验证基于互信息量最小的盲源分离算法的性能，通过仿真试验对几种常见的具有循环平稳特性的调制信号 AM、PM、FM 信号同时通过噪声信道后的混合信号进行了盲源分离，测试其盲源分离的效果，并且对该算法的收敛速度进行了测试。仿真结果表明，该算法对于混合有平稳随机噪声的循环平稳信号具有良好的分离效果，且收敛速度快。

参考文献

[1] 马庆伦. 基于互信息量最小化的循环平稳信号盲源分离算法 [D]. 太原：太原理工大学硕士学位论文，2011.

[2] Zhao Jumin，Zhang Haiyan，Li Dengao，et al. Natural Gradient Search Mutual Information Optimization BSS [J]. Journal of Computational Information Systems. 2011，7 (2)：631–636.

[3] Yang H H，Amari S. Adaptive on-line learning algorithms for blind separation-maximum entropy and minimum mutural information [J]. Neural Computation，1997：1457–1482.

[4] M. G. Jafari，J. A. Chambers，D. P. Mandic. Natural gradient algorithm for cyclostationary sources [J]. Electronics Letters，2002，38（14）：758–759.

[5] Karim Abed–Meraim，Yong Xiang，Jonathan H. Manton，et al. Blind Source Separation Using Second–Order Cyclostationary Statistics [J]. IEEE Transactions On Signal Processing，2001，49（4）：694–701.

[6] 付卫红，杨小牛，刘乃安. 基于四阶累积量的稳健的通信信号盲分离算法 [J]. 电子与信息学报，2008，30（8）：1853–1856.

[7] M. G. Jafari，S. R. Alty，J. A. Chambers. New natural gradient algorithm for cyclostationary sources[J]. IEEE Proceedings：Vision，Image and Signal Processing，2004，151（1）：62–68.

[8] 张贤达. 矩阵分析与应用 [M]. 北京：清华大学出版社，2004.

[9] 张贤达，朱孝龙，保铮. 基于分阶段学习的盲信号分离 [J]. 中国科学，2002，32（5）：693–703.

第 6 章

基于循环平稳理论的变步长盲源分离算法

传统的基于互信息量最小化的循环平稳信号盲源分离算法大多采用固定步长。如果采用较大的固定步长，虽然在开始时收敛速度较快，但后面跟踪阶段的稳态性必然会不理想；如果采用较小步长，会使分离时间变得很长，但是稳态效果会很好；如果采用的固定步长小于一个合适的值，可能导致信号因为步长太小而永远得不到分离，其分离效果很差。总之，只要采用固定步长，总是存在收敛速度与稳态性能之间的矛盾。当选择加大步长时，算法的收敛速度快，但稳态误差会跟着变大；当选择减小步长时，算法的稳态误差会随之减小，但收敛速度也会随之变慢。

变步长盲源分离算法的出现很好的解决了收敛速度与稳态性之间的矛盾并且得到好的分离效果。本章在基于互信息量最小化的循环平稳信号盲源分离算法的基础上着重研究变步长盲源分离，推导并实现了四种基于循环平稳理论变步长的盲源分离算法，通过实验仿真证实，四种方法不仅可以达到很好的收敛速度并且稳态误差也降低到可接受范围内，而且这四种算法均能完全恢复源信号，有较好的算法性能从而很好地解决了矛盾，显现出变步长的优势及算法的应用前景。

6.1 变步长盲源分离算法

变步长盲源分离算法按照不同的步长控制方法可以分为模拟退火类、分离阶段类、梯度求取类和模糊控制类四类，这些算法统一表示为

$$\boldsymbol{B}(t+1)=\boldsymbol{B}(t)+\eta(t)\left[\boldsymbol{I}-f(t)\right]\boldsymbol{B}(t) \tag{6-1}$$

在上式中，$\eta(t)$为学习速率，常称为算法的步长。步长选取影响着整个算法的性能，它主要是控制算法的收敛速度，又影响着算法的稳健性。

为了能够解决收敛速度与稳健性之间的矛盾，通常是采用一个随时间递减的步长[1]。大致可以分为以下几种类型。

1. 分离阶段类型

分离阶段类型即根据信号的分离状况不同，步长因子表示为不同的表达形式。主要包括：峭度型变步长、状态型变步长和平滑信道型变步长三种[2]。

（1）峭度型变步长

峭度型变步长就是在信号分离过程的初始阶段，峭度值比较小，信号间的互信息量比较大，所以可以加大步长，提高算法的收敛速度，随后峭度逐渐变大，即分离信号间的互信息量变小，这时步长也逐渐变小，收敛速度减慢，稳态误差也随之变小，从而克服了收敛速度和平稳性不能兼顾的缺点。

（2）状态型变步长

状态型变步长是指将算法分成不同的阶段，对应于每个阶段赋予一个定步长，或者是一个输出为步长的函数表达式。当对所有信号使用同一步长进行学习，即步长为一维参数时，先分离出来的信号主要是维持现状也称为信号跟踪，可采用比较小的步长，但是那些信号间具有强依赖性（即没有相互独立）的信号，就必须采用比较大的步长来加速分离。

在文献［3］中张贤达提出了一种新的算法，他在本算法中引用学习速率矩阵来代替以往算法中的一维参数，即将算法分成了三个阶段，依据各个输出分量与其他输出之间的分离状态的不同，赋予不同的步长，能够自动地控制算法的收敛速度和跟踪性能。

初级阶段，各个信号之间是强依赖的，此阶段需较大的步长来加快信号的分离，以致能够得到很快的收敛速度，此阶段步长可以采用指数衰减型变步长或者时间递减型变步长。

捕捉阶段，一是对没有分离出的信号继续进行分离，则采用大的步长；二是对已实现分离的信号保持跟踪状态，对于这些信号所采用小的步长。

跟踪阶段，进入此阶段几乎完成了信号的有效分离，为了实现信号的有效分离，可采用较小的步长。

（3）平滑信道型变步长

对于平滑信道型变步长，我们从信道干扰的定义可得[4]

$$ICI_K = \frac{1}{N}\sum_{i}\sum_{i \neq j}\frac{E\left[\tilde{p}_{ijk}^2\right]}{E\left[p_{iik}^2\right]} \tag{6-2}$$

式中，p_{iik}是性能矩阵$\boldsymbol{P}_k = \boldsymbol{W}_k\boldsymbol{A}$的第$i$个对角线上的元素；$\tilde{p}_{ijk}$为误差矩阵$\tilde{\boldsymbol{P}} = \boldsymbol{P} - \boldsymbol{I}$的第$i$行第$j$列元素。在信号分离初始阶段，ICI变大的很慢，到了信号分离的后期，误差矩阵减小时，ICI就会加快，所以步长的选择取决于$\boldsymbol{P}_k$的收敛性。

2. 模糊控制类型

模糊控制类型即根据模糊控制理论，将模糊控制器作为步长的调节因子，当时间域中的源信号发生间断时（如通信信号可能存在静音区等），它的步长在没有源信号的部分接近于零或等于零，从而尽可能地保持算法原有的收敛性，而在含有源信号的部分需选择较大的步长，使算法尽快地收敛于平衡点。模糊控制类变步长算法能够对间断性信号和噪声进行有效的识别，很好地克服了源信号不连续造成的系统分离发生障碍的问题[2]。

3. 模拟退火类型

模拟退火类型即依据模拟退火原理，将步长因子表示成时间变量的函数。随着时间的变化，步长会按照一定的规律随之变化。根据步长因子和时间的关系，模拟退火类型可分为指数衰减型变步长和时间递减型变步长[5]：

（1）指数衰减型变步长

指数衰减型变步长就是将步长因子用指数的形式来表示。由于模拟退火算法的基本原理与物理退火原理十分相似，其步长的表达式为

$$\eta(t) = \begin{cases} \eta_0 & t < T_0 \\ \eta_0 \mathrm{e}^{-T_d(t-T_0)} & t \geqslant T_0 \end{cases} \tag{6-3}$$

其中，η_0、T_d、T_0为任意常数。上式表明在进行盲源分离的过程中，T_0时刻之前，步长因子$\eta(t)$取固定值η_0，从而确保混合信号在经过T_0时刻已经被初步分离出来了，此时，分离矩阵$\boldsymbol{B}$已经接近所要求的最佳值。在T_0时刻后，信号主要通过指数函数来逐步降低对分离矩阵$\boldsymbol{B}$的幅度调整。

（2）时间递减型变步长

步长因子还可以表示为随时间递减的函数，称为时间递减型变步长，其表达式为

$$\eta(t)=\frac{c}{t} \tag{6-4}$$

其中，c为常数，从上式可以看出，该算法的步长因子和时间成反比。

指数衰减型变步长的指数参数 T_0 在不同信号的混合情况下，取值也不同，它的大小只能通过经验来设定；时间递减型变步长与指数衰减型变步长相比，形式简单、直观，无须根据经验参数来选择。时间递减型的步长因子随时间增大而逐渐减小，当信号分离的时间比较长时，步长 $\eta(t)$ 变得很小，所以时间递减型变步长不能够快速跟踪时变混合矩阵，从而无法达到非平稳环境的要求。

4. 梯度求取类型

梯度求取类型即根据步长求梯度的方式不同，将步长取为不同的表示形式。其中包括内积型变步长和直接型变步长[6]。

（1）内积型变步长

内积型变步长通常可分为《通过独立的导变自适应分离》（*Equivariant Adaptive Separation via Independence*，EASI）算法和《变量符号标志自然梯度》（*Variable Symbol Sign Natural Gradien*，VS–SNG）算法。在文献［7］中提出了一种变步长《基于 ICA 的变步长导变自适应盲源分离》（*Variable Step Equivariant Adaptive Blind Source Separation based ICA*，VS–EASI）算法，该算法是在 EASI 的基础上，对步长进行最陡下降梯度运算。其步长表达式为

$$\eta(t)=\eta(t-1)-\rho\,\mathrm{tr}\left[\frac{\partial J(t)}{\partial \boldsymbol{B}(t)}\times\frac{\partial \boldsymbol{B}(t)}{\partial \eta(t-1)}\right] \tag{6-5}$$

式中，ρ为步长的学习速率，且有内积关系，即

$$\mathrm{tr}\left[\frac{\partial J(t)}{\partial \boldsymbol{B}(t)}\times\frac{\partial \boldsymbol{B}(t)}{\partial \eta(t-1)}\right]=\left\langle\frac{\partial J(t)}{\partial \boldsymbol{B}(t)},\frac{\partial \boldsymbol{B}(t)}{\partial \eta(t-1)}\right\rangle \tag{6-6}$$

在文献［8，9］中详细地介绍了 VS–SNG 算法的推导过程，其变步长的推导与 VS–EASI 算法相同。但对于算法来说，VS–SNG 算法的计算量相比于 VS–EASI 要小，因此整体性能要优越。

（2）直接型变步长

在盲源分离系统中，直接型变步长的代价函数$E\{J[\boldsymbol{B}(t)]\}$的目标函数可表示为

$$J(\boldsymbol{B})=-\frac{1}{2}\log\left|\det\boldsymbol{B}^T\boldsymbol{B}\right|-\sum_{i=1}^{n}\log p(\boldsymbol{s}_i') \tag{6-7}$$

式中，$f(\boldsymbol{s}')=-\dfrac{\partial\log p(\boldsymbol{s}')}{\partial\boldsymbol{s}'}$。

综上所述，梯度求取类算法较其他算法而言，变步长的推导原理直观且复杂度小。内积型变步长算法对固定步长 EASI 算法和 SNG 算法的鲁棒性没有改变，而直接型变步长算法其收敛性对步长ρ的选择较为敏感。

6.2 峭度自适应变步长循环平稳信号盲源分离算法

基于互信息最小化的循环平稳信号盲源分离算法能够实现循环平稳信号的盲源分离，从它的性能指数分析中可以看出，如图 6–1 所示。该算法的收敛速度快，但是稳态性能差。主要是因为在寻优算法中的学习速率采用的是定值，在实验仿真过程中选择学习速率$\eta(t)=0.005$，为了兼顾算法的收敛速度和算法的稳健性。

在变步长盲源分离算法启迪下，推导出一种能够有效分离循环平稳信号的变步长盲源分离（VSS–CS–BBS）算法。

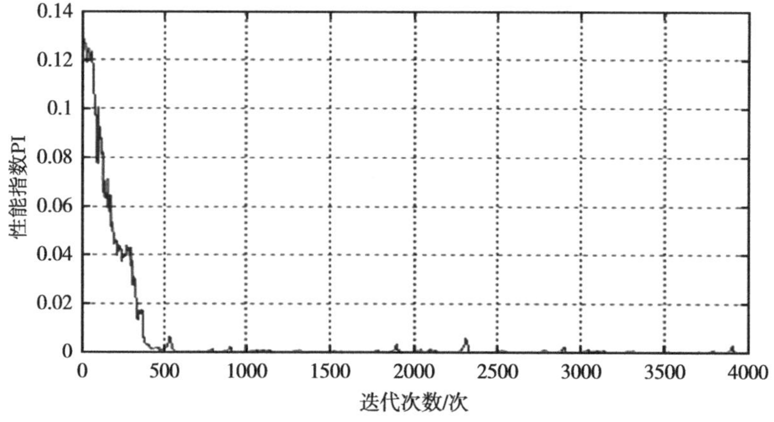

图 6–1 性能指数 PI 收敛曲线

6.2.1 算法的推导过程

为了使步长在信号的分离过程中依据信号的分离程度自适应的改变，即：分离初期采用大的步长能够加快信号分离；分离中、后期可以采用相对较小的步长，一边分离没有分离的信号，一边实现已分离信号的跟踪。

本节采用文献［10］中的峭度自适应变步长，其步长的表达式如下：

$$\eta(t)=\eta_0 \mathrm{e}^{-aJ(t)} \tag{6-8}$$

其中，η_0，a是经验常数，$J(t)$为信号的边缘负熵总和，即

$$J(t)=\sum_{i=1}^{N}\frac{1}{48}k_4^2(i) \tag{6-9}$$

式中，$k_4(i)$为四阶边缘累积量，也称信号的峭度。通常可由下式求得

$$k_4(i)=\frac{E\left[s_i'^4\right]}{\left(E\left[s_i'^2\right]\right)^2}-3 \tag{6-10}$$

也可以由下式自适应更新

$$k_4^i(t+1)=k_4^i(t)-\mu_0\left[k_4^i(t)-s_i'^4(t)+3s_i'^2(t)\right] \tag{6-11}$$

其中，$k_4^i(t)$为第i个分量在第t步迭代时的四阶累积量；μ_0为峭度更新自适应初始步长。

上一章中以互信息量作为目标函数，则目标函数可表示为[11, 12]

$$I(\boldsymbol{B}(t))=\frac{1}{2}\left(\mathrm{tr}\left[R_{s'}^{\alpha}(t,0)\right]-\log\left\{\det\left[R_{s'}^{\alpha}(t,0)\right]\right\}-m\right) \tag{6-12}$$

为求得上式最小化时的分离矩阵的估计值，对上式进行自然梯度寻优算法[13]，得到

$$\boldsymbol{B}(t+1)=\boldsymbol{B}(t)+\eta(t)\left[I-\phi(s')s'^T+I-R_{s'}^{\alpha}(t,0)\right]\boldsymbol{B}(t) \tag{6-13}$$

式中，$\eta(t)$为第t步的迭代步长；$\phi(s')$为关于s'的非线性激活函数。

文献［10］中的峭度自适应变步长，其步长的表达式如下：

$$\eta(t)=\eta_0 \mathrm{e}^{-aJ(t)} \tag{6-14}$$

其中，η_0，a是经验常数；$J(t)$为信号的边缘负熵总和。

将式（6–14）代入式（6–13）中得到变步长的循环平稳信号盲源分离算法

$$B(t+1)=B(t)+\eta_0 e^{-aJ(t)}\left[I-\phi(s')s'^{T}+I-R_{s'}^{\alpha}(t,0)\right]B(t) \tag{6-15}$$

6.2.2 计算机仿真

为了很好地反映此算法性能的优越性，在实验仿真中能够与基于最小互信息量的循环平稳盲源分离算法进行各项性能的比较，本算法的仿真过程采用与基于最小互信息量的循环平稳盲源分离算法相同的源信号和混合矩阵。

源信号波形图如图 6–2 所示，混合矩阵$\boldsymbol{A}$为

$$\boldsymbol{A}=\begin{bmatrix} -0.4748 & -0.2582 & 0.6571 & 0.7171 \\ -0.7325 & -0.5852 & 0.7387 & 0.0861 \\ -0.9819 & 0.1027 & 0.5624 & -0.5763 \\ -0.0079 & -0.0487 & 0.7890 & 0.4379 \end{bmatrix} \tag{6-16}$$

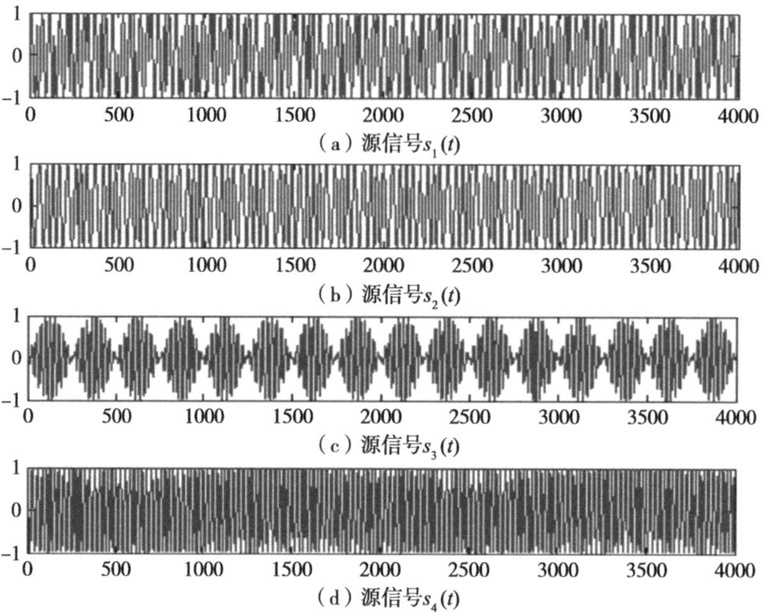

图 6–2　变步长循环平稳盲源分离算法源信号波形图

由于本算法与基于最小互信息量的循环平稳盲源分离算法采用相同的混合矩阵，则经过混合矩阵后的混合信号相同，如图 6–3 所示：

经过多次实验仿真，确定式（6–11）中几个定值参数的值：$\eta_0=0.007$、$a=6$、$\mu_0=0.005$，并且本算法中的非线性激活函数$\phi(s')$仍然采用上节算法中

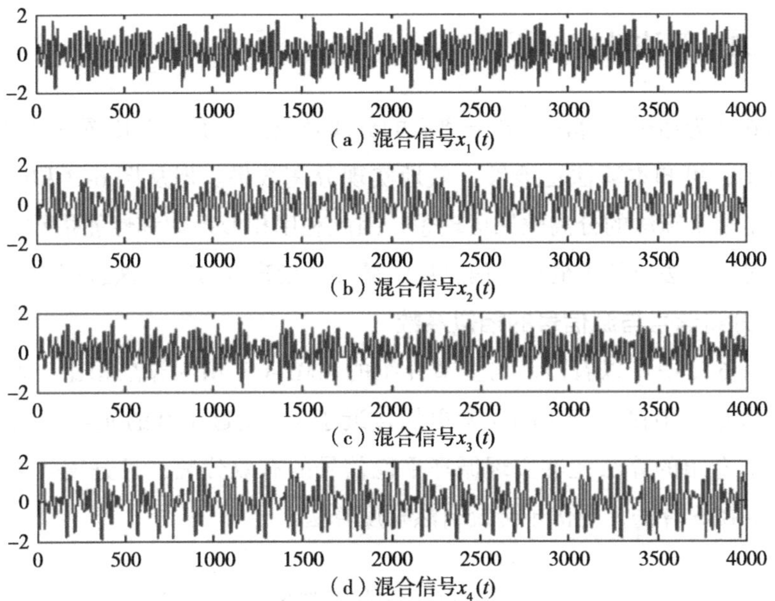
（a）混合信号$x_1(t)$

（b）混合信号$x_2(t)$

（c）混合信号$x_3(t)$

（d）混合信号$x_4(t)$

图 6-3　变步长循环平稳盲源分离算法混合信号波形图

的，循环相关矩阵$\boldsymbol{R}_{s'}^{\alpha}(t,0)$由式$\boldsymbol{R}_{s'}^{\alpha_i}(t+1,0)=(1-\delta)\boldsymbol{R}_{s'}^{\alpha_i}(t+1)+\delta\left[\cos(\alpha_i t)\boldsymbol{s}'\boldsymbol{s}'^{T}\right]$求得。经过本算法分离后的信号波形如图 6–4 所示。

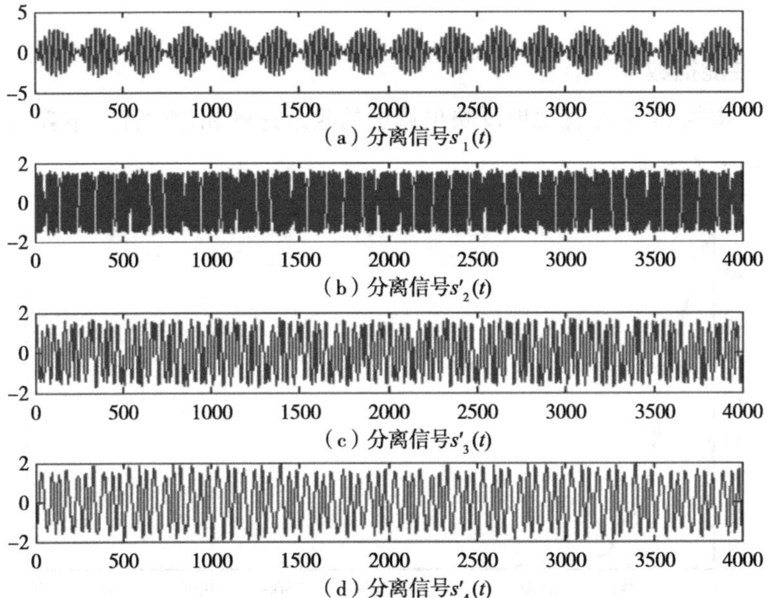
（a）分离信号$s'_1(t)$

（b）分离信号$s'_2(t)$

（c）分离信号$s'_3(t)$

（d）分离信号$s'_4(t)$

图 6-4　变步长循环平稳盲源分离算法分离信号波形图

6.2.3 算法性能分析

图 6–4 为通过本算法实现分离后的分离效果图，通过对比图 6–3 和图 6–4 的波形图，可知本算法也能够有效地实现分离效果。但从图 6–3 和图 5–6 中很难断定哪个算法的分离效果更理想，因此利用相似系数和性能指数 PI [14] 来定量的对本算法与基于最小互信息量的循环平稳盲源分离算法进行比较。

1. 分离信号与源信号的相似系数

从表 6–1 中可以看出，与上节介绍的 MMI–CS–BBS 算法相比，本算法的相似系数矩阵中接近于 1 的元素更加接近于 1、接近于 0 的元素更接近于 0。因此本节介绍的算法能够实现循环平稳信号的有效分离，且分离效果要优于 MMI–CS–BBS 算法，更优于传统自然梯度算法。

表 6–1 相似系数比较

	（MMI–CS–BBS）	（VSS–CS–BBS）
ξ	$\begin{bmatrix} 0.0221 & 0.0214 & 0.9985 & 0.0203 \\ 0.0102 & 0.9928 & 0.0105 & 0.0310 \\ 0.9973 & 0.0072 & 0.0143 & 0.0104 \\ 0.0412 & 0.0101 & 0.0054 & 0.9975 \end{bmatrix}$	$\begin{bmatrix} 0.0121 & 0.0115 & 0.9984 & 0.0133 \\ 0.0002 & 0.9948 & 0.0085 & 0.0240 \\ 0.9978 & 0.0058 & 0.0124 & 0.0044 \\ 0.0114 & 0.0071 & 0.0035 & 0.9985 \end{bmatrix}$

2. 性能指数

性能指数 PI 更加直观地反映出算法的收敛速度和稳健性。本算法的 PI 收敛曲线如图 6–5 所示。

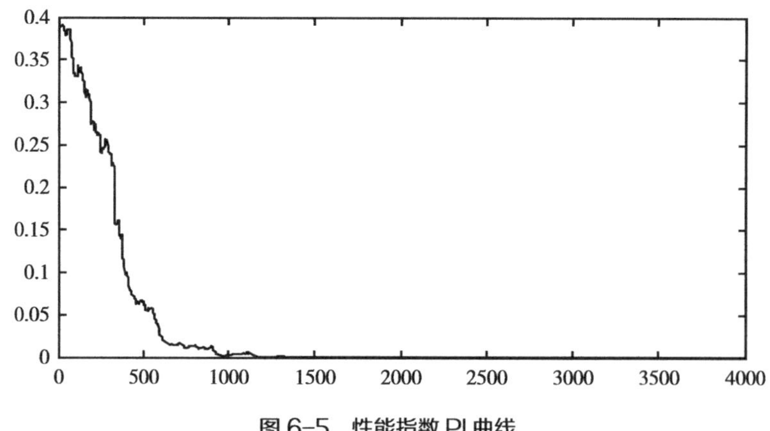

图 6–5 性能指数 PI 曲线

图 6–5 中的PI经过 100 次仿真实验取得的均值。由图中可以看出，算法在 800 次时就达到平衡点且算法的收敛点小于 0.01，说明本算法的收敛速度快而且得到了很好的分离效果，与自然梯度算法实现互信息量最小化的盲源分离进行比较具有更好的平稳性。

6.3 分阶段变步长循环平稳信号盲源分离算法

基于互信息最小化的循环平稳信号盲源分离算法能够实现循环平稳信号的盲源分离，但固定步长算法在选择步长上存在着收敛速度和稳态误差的矛盾。而选择大步长，虽然在迭代初始阶段收敛速度较快，但是随着迭代的进行，稳态性能变差；反之，选择小步长，收敛速度较慢，稳态性能较好。针对上述矛盾，本小节提出了一种分阶段学习的盲源分离算法，即整个信号分离迭代过程根据迭代次数和信号分离度划分成四个阶段：初级阶段、伪初级阶段、捕捉阶段和跟踪阶段，每个阶段根据信号分离特点取不同的学习速率。

6.3.1 算法的推导过程

盲源分离就是调整权矩阵$\boldsymbol{B}(t)$，使得输出分量$\boldsymbol{s}'_i,\boldsymbol{s}'_j$之间的相依性最小，$\boldsymbol{s}_i$和$\boldsymbol{s}_j$相互独立等价于对任意可度量函数$f_1$和$f_2$，有[15]

$$E\{f_1(s'_i)f_2(s'_j)\}-E\{f_1(s'_i)\}E\{f_2(s'_j)\}=0,\forall i\neq j \tag{6–17}$$

只要$f_1(s'_i)$和$f_2(s'_j)$彼此不相关，就可以判定s'_i和s'_j相互独立，但是这在实际情况下难以实现。故本文以二阶以及高阶相关系数对信号的独立性进行度量，称为r_{ij}[3]，有

$$r_{ij}=\frac{C_{ij}}{\sqrt{C_{ii}C_{ij}}}=\frac{\mathrm{cov}[s'_i(t),s'_j(t)]}{\sqrt{\mathrm{cov}[s'_i(t)]\mathrm{cov}[s'_j(t)]}}\ i,j=1,\cdots,t\text{且}\ i\neq j \tag{6–18}$$

其中

$$\mathrm{cov}[s'_i(t),s'_j(t)]=E\{[s'_i(t)-\bar{m}_{s'_i}][s'_j(t)-\bar{m}_{s'_j}]\}$$

$$\mathrm{cov}[s'_i(t)]=E\{[s'_i(t)-\bar{m}_{s'_i}]^2\}$$

$$\mathrm{cov}[s'_j(t)]=E\{[s'_j(t)-\bar{m}_{s'_j}]^2\}$$

$0 \leqslant |r_{ij}| \leqslant 1$，当$r_{ij}=0$时，说明$s'_i$和$s'_j$不相关，可以认为$s'_i$和$s'_j$相互独立，所以可以判定输出的独立性。在迭代分离过程中，s'_i和s'_j之间的相依性程度定义为：

$$D_i(t) = \sqrt{\frac{1}{k-1}\sum_{j=1, j\neq i} r_{ij}^2} \tag{6-19}$$

$D_i(t)$可以描述第i个信号与其他信号的相依性程度。同理，为了描述所有信号的总体分离状态，定义：

$$D(t) = \max_{\forall i}\{D_i(t)\} \tag{6-20}$$

在盲源分离中，两个信号的分离状态可以利用$D(t)$进行描述，但是$D(t)$变化很缓慢，为了提高步长因子对算法的敏感性，故需要把整个迭代过程划分的更精细。通过仿真实验对$D(t)$进行范围测定，结合迭代次数t可以有如下阶段划分：

1）当$0.2 \leqslant D(t) \leqslant 1$时，此时信号$s'_i$和$s'_j$相依度很强，此时信号刚刚开始分离，定义此阶段为初级阶段，记为Ⅰ。

2）当$t < t_0$，$0 \leqslant D(t) < 0.2$时，迭代刚刚开始，但是信号已经分离较好，信号s'_i和s'_j相依度变化范围较大。在实际实验中，这种情况比较少见。此时可以看见部分信号已经分离出来，由此定义此阶段为伪初级阶段，记为Ⅱ。

3）当$t < t_0$，$0.1 \leqslant D(t) < 0.2$时，此时迭代进行了一定的次数。信号s'_i和s'_j相依度仍较强，此时部分信号已经分离出来，需要对未分离出来的信号加速捕捉。由此定义此阶段为捕捉阶段，记为Ⅲ。

4）当$t > t_0$，$0 \leqslant D(t) < 0.1$时，此时迭代进行了一定的步数，信号s'_i和s'_j相依度已经达到了理想状态。此时信号已经基本分离出来，需要进行精细分离用来提高信号恢复质量。由此定义此阶段为跟踪阶段，记为Ⅳ。

所以，利用t和$D(t)$可以把分离过程分为四个阶段，初级阶段、伪初级阶段、捕捉阶段和跟踪阶段，如表 6-2 所示。

表 6-2　分离阶段划分

$D(t)$ \ t	$t \leqslant t_0$	$t > t_0$
$0.2 \leqslant D(t) \leqslant 1$	I	I

续表

$D(t)$ t	$t \leqslant t_0$	$t > t_0$
$0.1 \leqslant D(t) < 0.2$	*II*	*III*
$0 \leqslant D(t) < 0.1$	*II*	*IV*

在盲源分离的初级阶段即 *I* 阶段，各信号强相依，这时需要较大的步长因子以便加速信号的分离。所以，这个阶段在一定的迭代次数内，可以选择固定大步长进行分离，如下：

$$\eta(t) = \eta_0 \tag{6–21}$$

其中，η_0是常数。

在盲源分离的伪初级阶段即 *II* 阶段，刚刚开始迭代，而且分离度较小。此阶段主要是小步长进行自适应跟踪。步长选择如下：

$$\eta(t) = f\left[D(t)\right] \tag{6–22}$$

其中，$f(\bullet)$是选择适当的非线性函数（参见 6.3.2 的计算机仿真部分）。

在盲源分离的捕捉阶段即 *III* 阶段，信号已经被分离出来或者部分分离出来，此阶段应跟踪分离信号的同时，加速捕捉未分离的信号，所以选择相应与分离度结合的自适应步长。步长选择如下：

$$\eta(t) = \beta\left(\frac{1}{1+\mathrm{e}^{-\alpha D(t)}} - 0.5\right) \tag{6–23}$$

其中，α、β都是待定常数。

在盲源分离的跟踪阶段即 *IV* 阶段，所有的信号分量都被捕捉到，此阶段步长应该取比较小的值，尽可能减小各分量之间的影响，提高信号的恢复质量，实现源信号的精细分离。步长选择如下：

$$\eta(t) = \eta_0 \mathrm{e}^{-td(t-t_0)} \tag{6–24}$$

其中，η_0、t_0是待定常数。

所以，本小节提出的自适应变步长算法的更新表达式如下：

$$\boldsymbol{B}(t+1) = \boldsymbol{B}(t) + \eta(t)[\boldsymbol{I} - \phi(\boldsymbol{s}')\boldsymbol{s}'^T + \boldsymbol{I} - \boldsymbol{R}_{s'}^{\alpha}(t,0)]\boldsymbol{B}(t) \tag{6–25}$$

$$\eta(t)=\begin{cases}\eta_0 & if \quad \text{I} \\ f(D(t)) & if \quad \text{II} \\ \beta\left(\dfrac{1}{1+\mathrm{e}^{-aD(t)}}-0.5\right) & if \quad \text{III} \\ \eta_0\mathrm{e}^{-td(t-t_0)} & if \quad \text{IV}\end{cases} \tag{6-26}$$

算法原理图如图 6-6 所示。

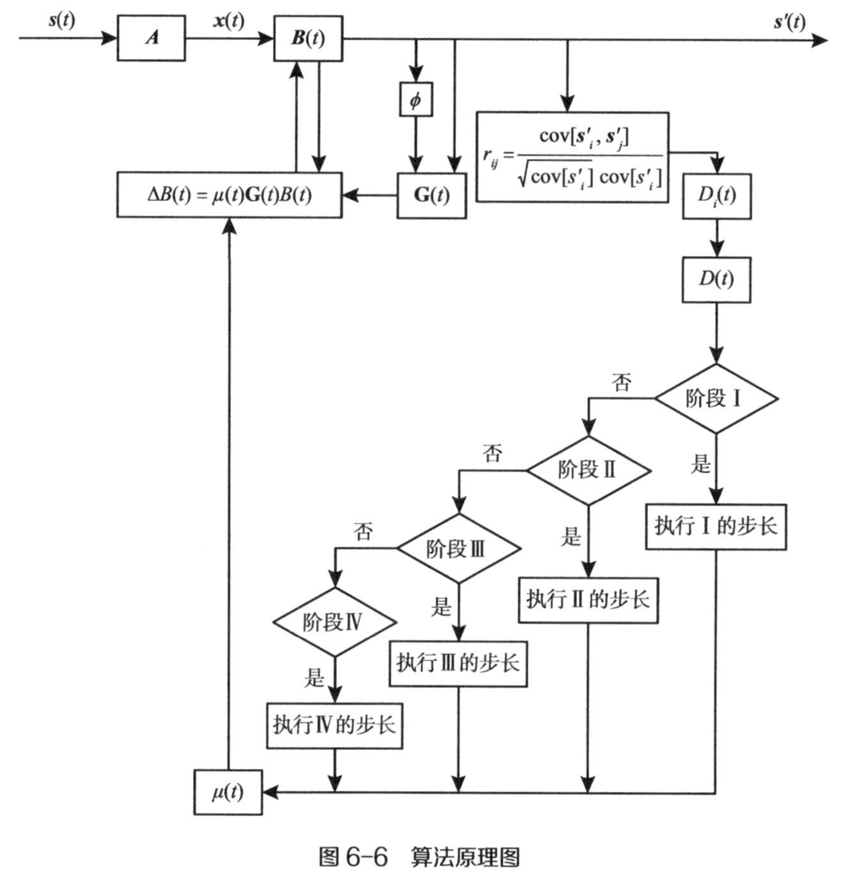

图 6-6 算法原理图

6.3.2 计算机仿真

为了验证本小节提出的自适应变步长算法的有效性，对以下信号进行仿真实验：

S1：符号信号 $\mathrm{sign}\left[\cos(2\pi 155t)\right]$；

S2：高频正弦信号 $\sin(2\pi 800t)$；

S3：相位调制信号 $\sin\left[2\pi 300t + 6\cos(2\pi 60t)\right]$；

S4：低频信号 $\sin(2\pi 90t)$；

S5：在［−1,1］均匀分布的随机噪声信号。

源信号波形图如图 6–7 所示。

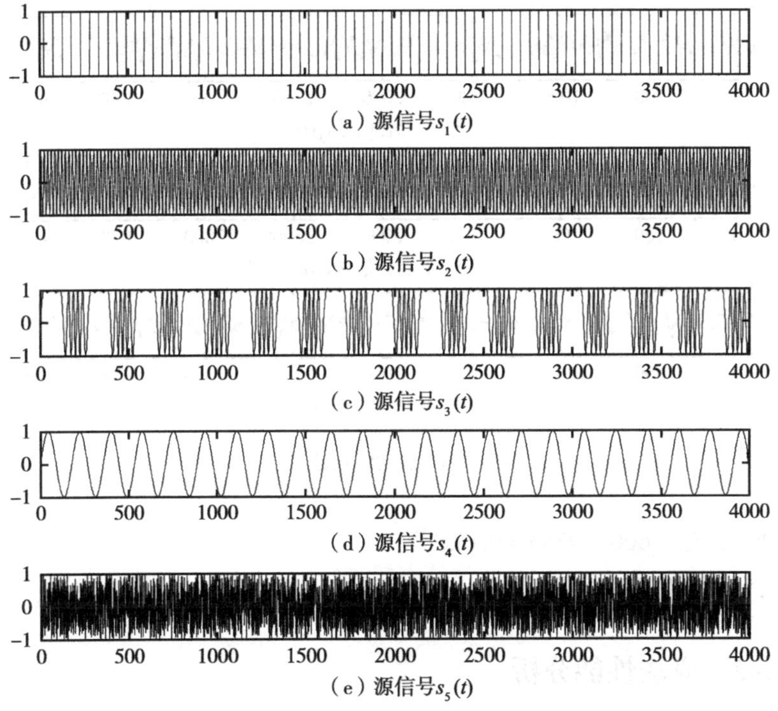

图 6–7 源信号波形图

仿真中，以 10kHz 的速率对观测信号采样以产生观测信号 $\boldsymbol{x}(t)$。混合信号波形图如图 6–8 所示。

作为比较，本文同时仿真了固定步长基于最小互信息量的循环平稳盲源分离算法和自适应变步长的基于最小互信息量的循环平稳盲源分离算法，为了实现较快的收敛速度和较小的稳态误差，对应选择以下的最优经验值：

1）固定步长基于最小互信息量的循环平稳盲源分离算法：$\eta = 0.08$。

2）本文提出的自适应变步长算法步长：$\eta = 0.08$，$\alpha = 1.2$，$\beta = 1.8$，

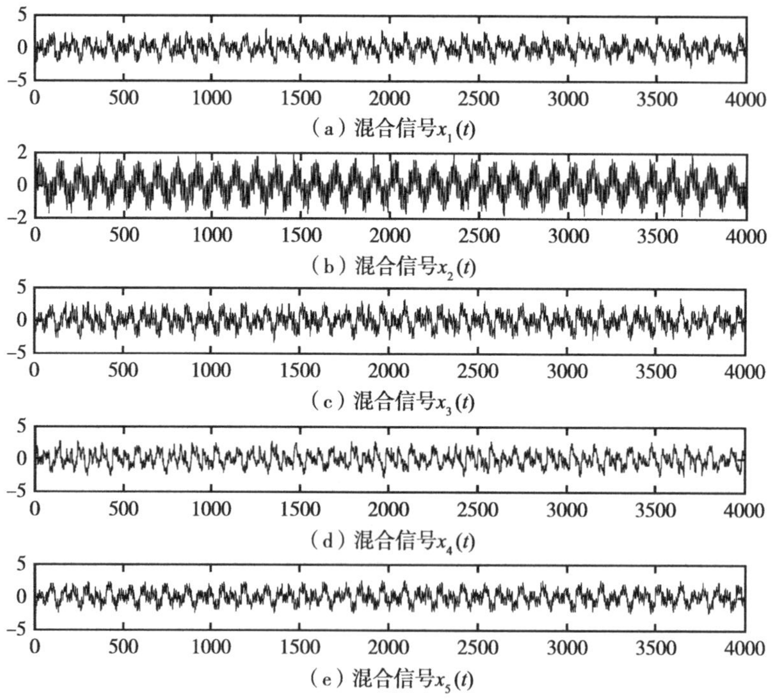

图 6-8　混合信号波形图

$k_d = 0.003$，$k_0 = 600$，$f(x) = 0.14x^{1.36}$。

仿真中，非线性函数选择$\phi(\boldsymbol{s}') = \boldsymbol{s}'^3$。

6.3.3　算法性能分析

图 6-9 为通过本算法实现分离后的分离效果图，通过对比图 6-7 和图 6-9 的波形图可知，本算法也能够有效的实现分离效果。由于仅通过图 6-8 和图 6-9 上很难断定哪个算法的分离效果更理想。因此利用性能指数 PI [14] 和信噪比来定量地对本算法与基于最小互信息量的循环平稳盲源分离算法进行比较。

1. 性能指数

性能指数 PI 直观地反映出算法的收敛速度和稳健性。本算法的 PI 收敛曲线见图 6-10，图 6-10 中的 PI 是经过 400 次仿真实验取得的均值。由图中可以看出，算法在 800 步时就达到平衡点且算法的收敛点小于 0.01，而固定步长算法在迭代步长 1300 步左右收敛，稳态误差比本节提出的自适应变步长算法

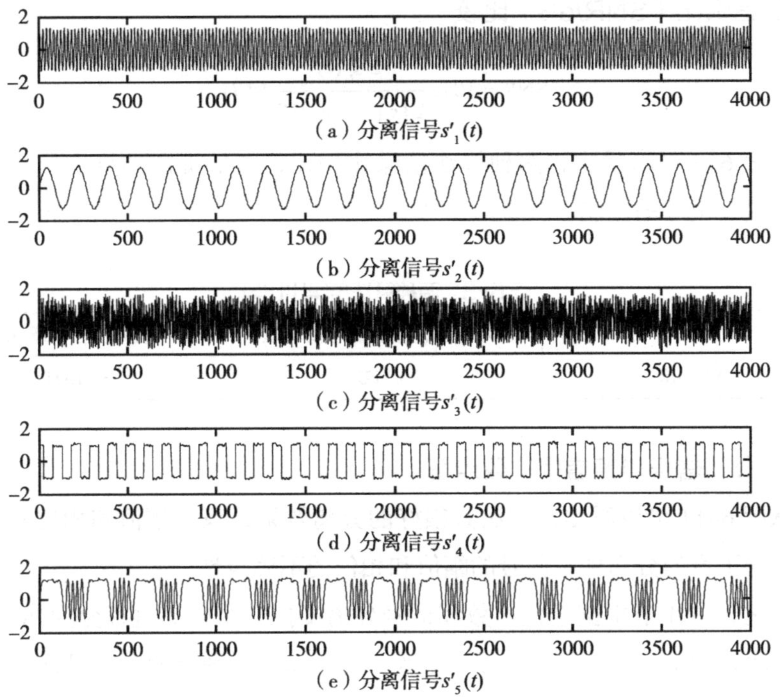

图 6-9　分离信号波形图

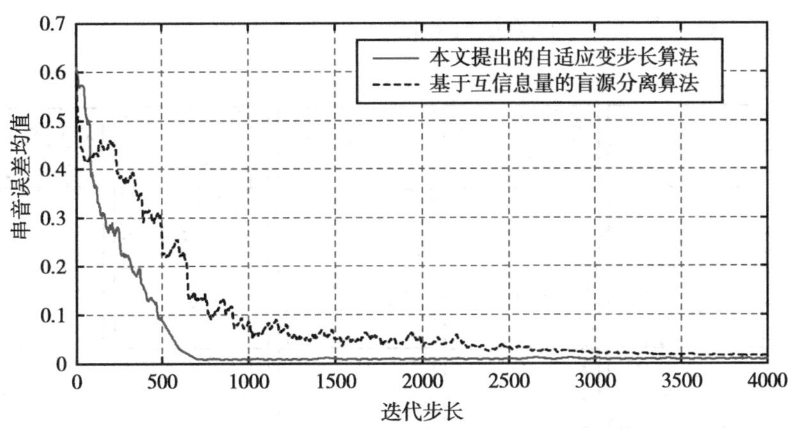

图 6-10　两种算法 PI 性能比较图

大。说明本节提出的自适应变步长算法的收敛速度快而且得到了很好的分离效果，与自然梯度算法实现互信息量最小化的盲源分离进行比较，本算法具有更好的性能。

2. 信噪比（SNR/dB）比较

$$\mathrm{SNR}=10\lg\frac{\sum\limits_{t} s_i^2(t)}{\sum\limits_{t}\left[s_i(t)-y_i(t)\right]^2}(\mathrm{d}B) \tag{6-27}$$

从表 6-3 可以看出，两种算法信噪比相比，本节提出的算法信噪比明显偏高，具有很好的性能。

表 6-3　两种算法信噪比比较

算法	最小互信息量盲源分离算法	自适变步长算法
SNR / dB	30.3422	36.1627

3. 分离信号和源信号的散点图

从图 6-11 可以看出，算法有很好的分离效果，只是幅值和相位发生了改变；验证了盲源分离恢复信号的幅值和相位的不确定性。

总之，本小节根据迭代次数和信号分离度把整个分离过程分为四个阶段，每个阶段自适应的选择不同的学习速率，从而提出一种新型的自适应变步长算法。这种算法既可以加快分离过程的前半阶段的收敛，又可以提高后半阶段信号跟踪和恢复的精度，很好地克服了收敛速度和稳态误差之间的矛盾。事实上，通过仿真实验证实了该算法有效性。

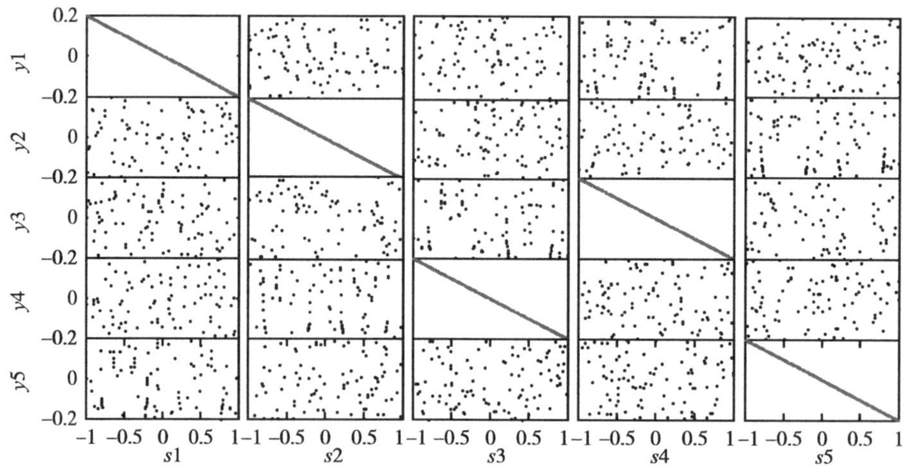

图 6-11　本文提出的算法分离信号和源信号的散点图

6.4 基于类似性能指数曲线的循环平稳信号的变步长盲源分离算法

固定步长算法中，存在的最大问题就是不能解决收敛速度和稳态误差之间的矛盾。而现有的变步长算法中由于参数的时变性，很难应用到实际中。本文在此提出一种自适应变步长算法，仿真结果表明，该算法的各方面分离性能要优于与自然梯度算法实现互信息量最小化的盲源分离。

6.4.1 算法原理

1. 性能指数（Performance Index，PI）

在自然梯度算法中常用 PI 作为分离的评价标准，其计算公式如下：

$$\mathrm{PI}(\mathbf{G})=\sum_{i=1}^{n}\left(\sum_{j=1}^{n}\frac{\left|g_{ij}\right|}{\max_j\left|g_{ij}\right|}-1\right)+\sum_{j=1}^{n}\left(\sum_{i=1}^{n}\frac{\left|g_{ij}\right|}{\max_i\left|g_{ij}\right|}-1\right) \tag{6-28}$$

其中，$\boldsymbol{G}=\boldsymbol{BA}$ 是分离矩阵和混合矩阵的乘积，代表的是传输矩阵。PI 值的大小反映了分离效果的好坏，PI 值越小表示分离效果越好。理想情况下 PI=0 表示完全分离，实际情况下 PI=0.01 已经达到很好的分离效果。

2. 类似性能指数（SPI）

PI 曲线随迭代次数的增加呈现指数衰减的趋势[3]。因此首先考虑使用 PI 去控制步长，使收敛速度和稳态误差达到一种理想的平衡状态。但是由于混合矩阵$\boldsymbol{A}$的值我们无法判断，因而不能直接使用 PI 去控制步长[16, 17]。现有的大多盲源分离算法在分离之前要设定一个初始的分离矩阵$\boldsymbol{B}1$，经多次迭代最终得到相对比较理想的分离矩阵$\boldsymbol{B}_{opt}$和混合矩阵存在了如下的关系：

$$\boldsymbol{B}_{opt}^{-1}\xrightarrow{t\to\infty}\boldsymbol{A\Lambda P} \tag{6-29}$$

其中，$\boldsymbol{\Lambda}$为对角矩阵，P 为置换矩阵。知道了两者的关系后我们接着去定义类似性能指数曲线（SPIC）

$$\mathrm{SPI}(g')=h\left[\sum_{i=1}^{n}\left(\sum_{j=1}^{n}\frac{|g'_{ij}|}{\max_j|g'_{ij}|}-1\right)+\sum_{j=1}^{n}\left(\sum_{i=1}^{n}\frac{|g'_{ij}|}{\max_i|g'_{ij}|}-1\right)\right] \tag{6-30}$$

其中$\boldsymbol{g}' = \boldsymbol{B}'(t)\boldsymbol{B}_{opt}^{-1}$分离矩阵和原始理想的分离矩阵的逆矩阵的乘积代表的是类传输矩阵。考虑到原始分离算法分离效果的好坏不同和分离后存在幅值上的不确定性，利用参数h去调整$\boldsymbol{g}'$的大小，以便减少计算量。

由于斜率可以准确地反映出图形的变化规律，其变化率可以反映斜率的变化。利用斜率比直接利用 SPIC 会有更好的效果，下面去计算其斜率及其斜率的变化。其中，SPIC 的斜率的计算公式如下：

$$k(t) = \Delta g'(t) = g'(t+1) - g'(t) \tag{6-31}$$

SPIC 的斜率变化率的计算公式如下：

$$k'(t) = \Delta k(t) = k(t+1) - k(t) \tag{6-32}$$

在自然梯算法中，文献［16］提出了一的个比较经典的变步长因子公式

$$\eta(t) = \beta\left\{1 - \exp\left[\alpha \mathrm{PI}^2(\boldsymbol{B}(t)\boldsymbol{A})\right]\right\} \tag{6-33}$$

下面利用 SPIC 的斜率变化去定义新的步长因子

$$\eta(t) = \begin{cases} \gamma\left\{\exp\left[\alpha(t)k^2(t)\right] - 1\right\} & k'(t) \geqslant 0 \\ \gamma\left\{\exp\left[\alpha(t)k^2(t)\right] - \beta\right\} & k'(t) < 0 \end{cases} \tag{6-34}$$

其中

$$\alpha(t) = \sqrt{\frac{\alpha}{t}} \tag{6-35}$$

式中$\alpha > 0,\ 0 < \beta,\ \gamma > 0$，其中$\alpha$和$\beta$为了控制函数的形状，$\gamma$为了控制函数的幅值。同时为了控制分离后期由于原始算法稳态误差而产生的斜率波动问题，式（6–35）的提出保证了后期斜率对$\eta(t)$不会产生太大的影响，使得在分离中既保证了分离速度又减小了稳态误差。

将式（6–34）的步长因子公式带入式（6–13）中，得到基于类似性能指数曲线（SPIC）的变步长循环平稳信号盲源分离算法的迭代公式。

在确定了步长因子后，算法的实现框图如图 6–12 所示，其中$\boldsymbol{s}(t)$为分离后的信号。先执行系统 1，给定一个初始的分离矩阵$\boldsymbol{B}1$，$\boldsymbol{B}1$经过多步的迭代得到最终的分离矩阵$\boldsymbol{B}_{opt}$，并且对$\boldsymbol{B}_{opt}$求逆。接着运行系统 2，初始同一个初始的分离矩阵$\boldsymbol{B}1$，由$g' = \boldsymbol{B}'(t)\boldsymbol{B}_{opt}^{-1}$所产生的 SPIC 去自适应地控制步长，以达到较好的分离效果。

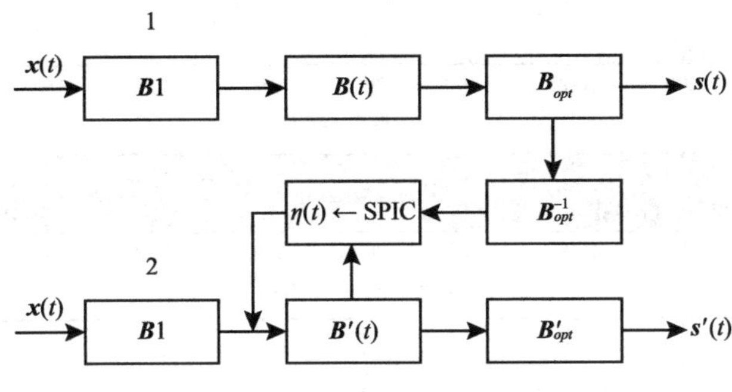

图 6–12 变步长算法的实现框图

6.4.2 计算机仿真

下面通过实验仿真来证明该算法的优势。我们先选取五路源信号，分别为：

符号信号：$s_1(t)=\text{sign}\left[\cos(2\pi155t)\right]$，如图 6–13（a）所示；

高频正弦信号：$s_2(t)=\sin(2\pi800t)$，如图 6–13（b）所示；

低频正弦信号：$s_3(t)=\sin(2\pi90t)$，如图 6–13（c）所示；

振幅调制信号：$s_4(t)=\sin(2\pi9t)\sin(2\pi300t)$，如图 6–13（d）所示。

同时加入在（–1,1）内服从均匀分布的随机噪声 $s_5(t)$。

采样频率 $fs=10\text{kHz}$，数据长度为 4000，产生的随机混合矩阵 $\boldsymbol{A}$ 为

$$\boldsymbol{A}=\begin{bmatrix} 0.69 & -0.72 & -0.69 & 0.58 & 0.39 \\ -0.06 & -0.77 & 0.73 & -0.34 & -0.17 \\ -0.82 & 0.85 & -0.76 & 0.57 & 0.51 \\ 0.82 & 0.32 & 0.61 & 0.87 & -0.48 \\ -0.73 & 0.54 & -0.69 & 0.15 & 0.55 \end{bmatrix} \tag{6-36}$$

源信号波形图如图 6–13 所示，接收到的混合信号如图 6–14 所示。

经过多次实验仿真，确定式（6–33）中几个定值参数的值：α=6、β=0.98、γ=0.1，并且本算法中的非线性激活函数 $\phi(s')$ 仍然采用上节算法中的，循环相关矩阵 $\boldsymbol{R}_{s'}^{\alpha}(t,0)$ 由式 $\boldsymbol{R}_{s'}^{\alpha_i}(t+1,0)=(1-\delta)\boldsymbol{R}_{s'}^{\alpha_i}(t+1)+\delta\left[\cos(\alpha_i t)\boldsymbol{s}'\boldsymbol{s}'^{T}\right]$ 求得。经过本算法分离后的信号波形如图 6–15 所示。

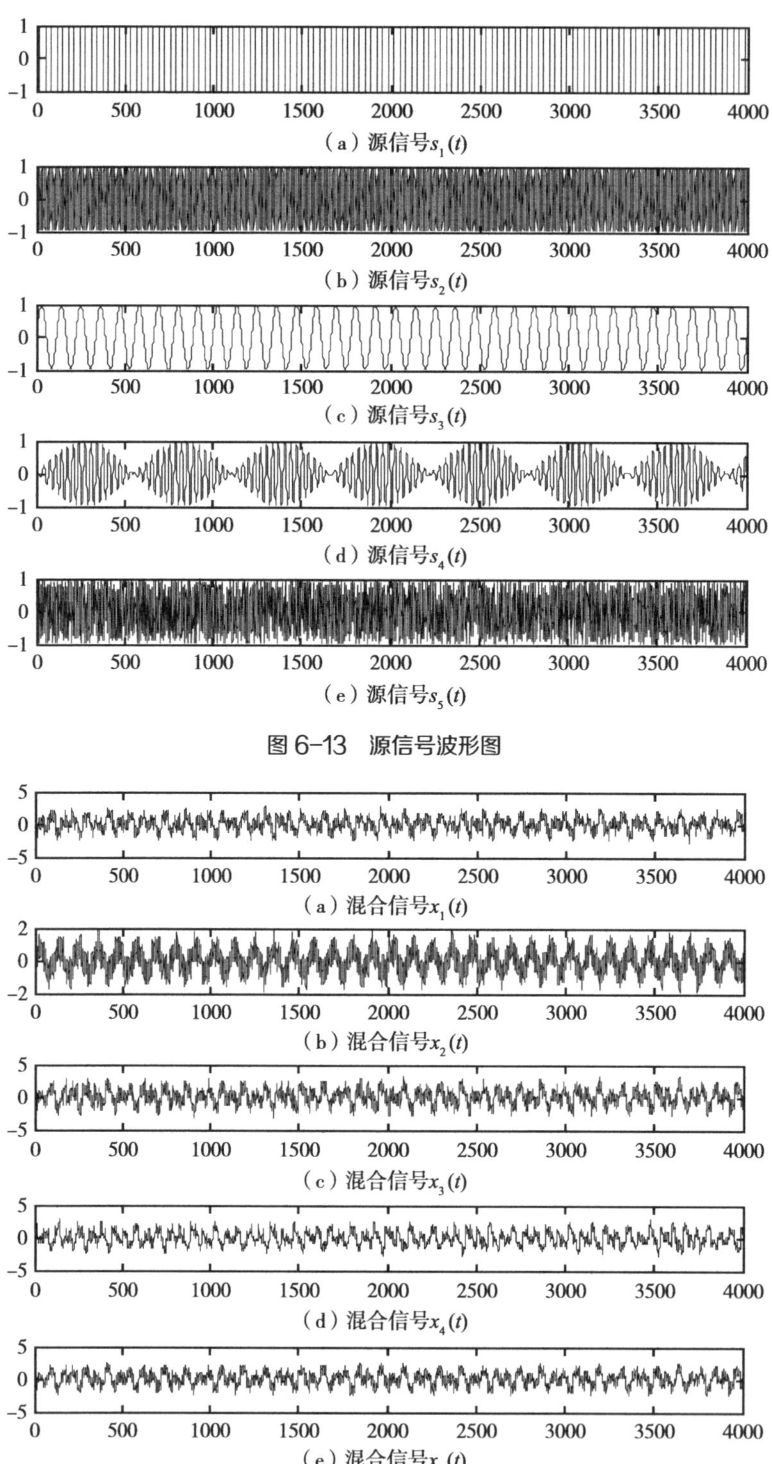

（a）源信号$s_1(t)$

（b）源信号$s_2(t)$

（c）源信号$s_3(t)$

（d）源信号$s_4(t)$

（e）源信号$s_5(t)$

图 6-13　源信号波形图

（a）混合信号$x_1(t)$

（b）混合信号$x_2(t)$

（c）混合信号$x_3(t)$

（d）混合信号$x_4(t)$

（e）混合信号$x_5(t)$

图 6-14　混合信号波形图

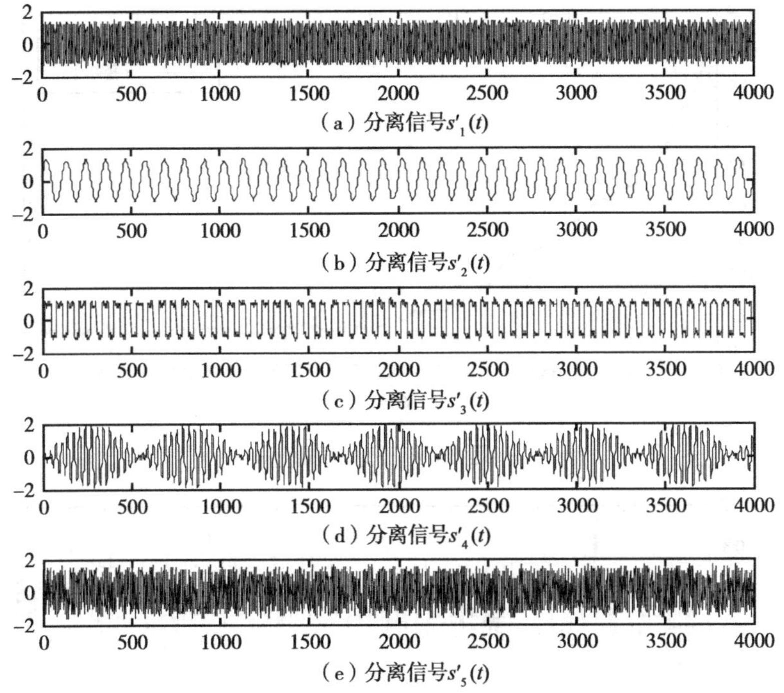

(a) 分离信号$s'_1(t)$

(b) 分离信号$s'_2(t)$

(c) 分离信号$s'_3(t)$

(d) 分离信号$s'_4(t)$

(e) 分离信号$s'_5(t)$

图 6–15 分离信号波形图

6.4.3 算法性能分析

图 6–15 是分离效果图，通过对比源信号和分离信号能够发现该算法有较好的分离效果。但单从图形的特征去观察和判断分离效果不具有科学性，因此利用性能指数PI来定量的对本算法与基于最小互信息量的固定步长的循环平稳盲源分离算法进行比较，其中 $\mu(t)=0.005$ 。

图 6–16 中的PI值是经过 100 次仿真实验取得的均值。由图中可以看出，本节所提出的算法在 700 次时就达到平衡点且算法的收敛点小于 0.01，固定步长算法在 2000 次左右收敛，并且后期稳态误差较大。通过比较说明本算法的收敛速度快而且得到收敛性能好，与自然梯度算法实现互信息量最小化的盲源分离进行比较，本算法具有更好的平稳性。

下面通过 PI 的斜率变化图来更直观的判断两种算法的性能。其中图 6–17 为固定步长算法，图 6–18 为基于 SPIC 的变步长算法。

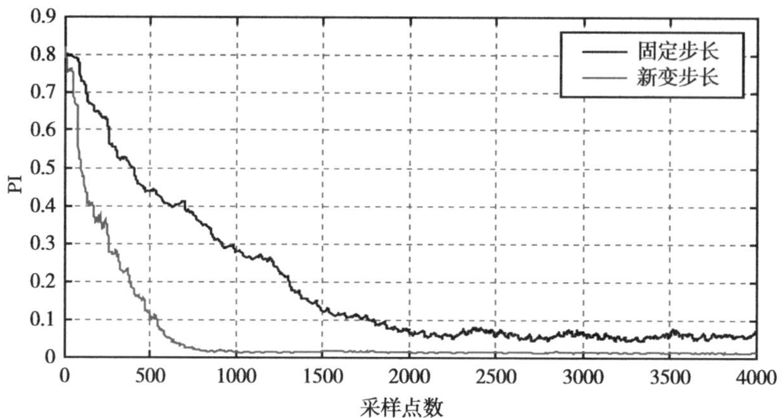

图 6-16　PI 比较图

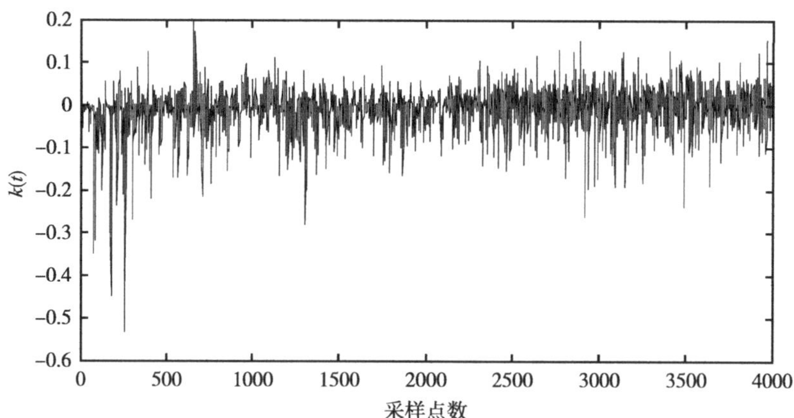

图 6-17　固定步长的斜率变化图

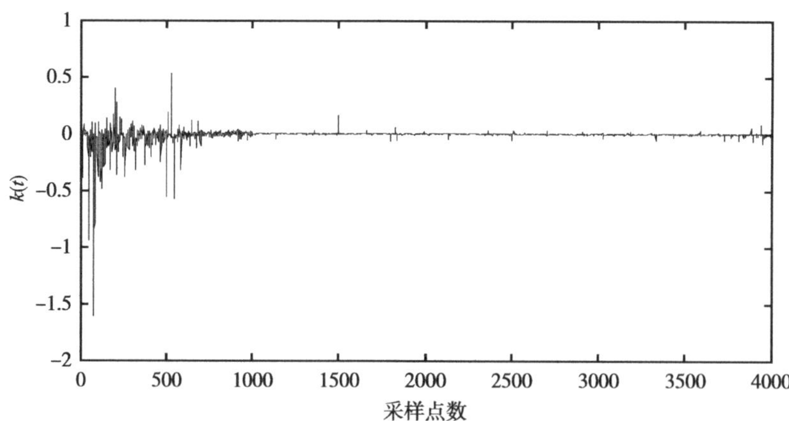

图 6-18　基于 SPIC 的变步长的斜率变化图

通过比较发现，在分离的前期本节提出的算法具有快速的收敛速度，在分离的后期具有较小的稳态误差。通过比较两种算法的斜率变化图，能够更加直观地判断出本节算法的优越性。

6.5 基于分离度的变步长循环平稳信号盲源分离算法

传统的自适应盲分离算法采用的是固定步长，但是总会存在收敛速度和稳态误差的矛盾。之后有人提出模拟退火类变步长算法，由于此类算法步长是随着时间指数衰减，导致分离具有盲目性。针对这两种方法的不足，本节提出一种基于分离度的新的变步长算法，实验结果证明本节提出的算法分离性能优于固定步长和模拟退火类变步长算法。

在自适应盲分离算法中，算法运行的模型如图 6–19 所示。

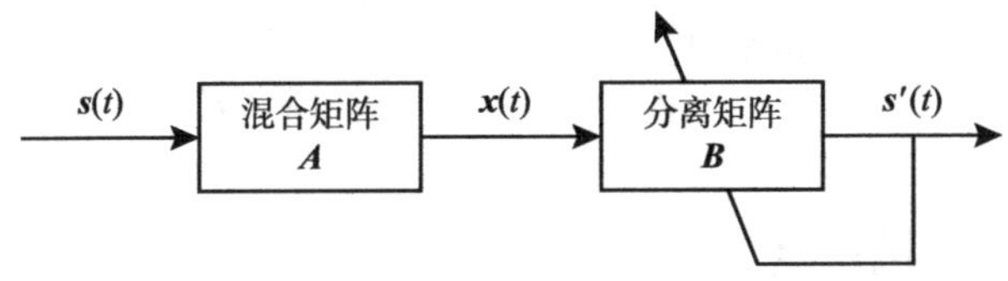

图 6–19 自适应盲分离模型

6.5.1 算法原理

运用自然梯度算法的通用迭代公式是

$$\boldsymbol{B}(t+1)=\boldsymbol{B}(t)+\eta(t)[\boldsymbol{I}-f(\boldsymbol{s}'(t))\boldsymbol{s}'^{T}(t)]\boldsymbol{B}(t) \tag{6–37}$$

盲分离的最终目的是找到一个最优矩阵 $\boldsymbol{B}_{opt}$，使得其符合下式：

$$\underset{t\to\infty}{\boldsymbol{B}(t+1)}=\underset{t\to\infty}{\boldsymbol{B}(t)}=\boldsymbol{B}_{opt} \tag{6–38}$$

对于式（6–38），为了确定 $\boldsymbol{B}_{opt}$，应该使得 $\boldsymbol{I}-f(\boldsymbol{s}'(t))\boldsymbol{s}'^{T}(t)$ 逐渐趋于零，即

$$[\boldsymbol{I}-f(\boldsymbol{s}'(t))\boldsymbol{s}'^{T}(t)]\to 0 \tag{6–39}$$

为了更稳定的控制步长，我们采用均值趋于零来描述，所以，公式可写为：

$$E[\boldsymbol{I}-f(\boldsymbol{s}'(t))\boldsymbol{s}'^{T}(t)]=0 \tag{6–40}$$

写成向量成分的形式为

$$E[\delta_{ij}-f_i(s_i)s_j]=0 \tag{6-41}$$

我们假设$y(t)=\boldsymbol{I}-f(\boldsymbol{s}'(t))\boldsymbol{s}'^{T}(t)$，代入式（6–41），可以得到

$$\sum_{i=1}^{n}\sum_{j=1}^{n}E\left[\left|y_{ij}(t)\right|\right]=0 \tag{6-42}$$

y_{ij}是y的各行各列元素，因此，定义自适应误差函数为

$$e(t)=\sum_{i=1}^{n}\sum_{j=1}^{n}\left|y_{ij}(t)\right| \tag{6-43}$$

随着分离过程的进行，$e(t)$逐渐减小，本节中我们把$e(t)$定义为分离度，代表信号被分离的水平。为了加快收敛速度，第一阶段用大步长；在第二阶段，为了提高跟踪性能并且减小稳态误差，用$e(t)$作为指数函数的指数部分来控制步长的自适应变化[18]。整个过程的步长公式为

$$\eta(t)=\begin{cases}\eta_0 & |e(t)|^2\geqslant\beta\\ \eta_0(1-\mathrm{e}^{-\alpha|e(t)|^2}) & |e(t)|^2<\beta\end{cases} \tag{6-44}$$

6.5.2 计算机仿真

为了验证本节提出的新算法的有效性，采用以下信号进行了仿真实验：

符号信号：$s_1(t)=\mathrm{sign}\left[\cos(2\pi 155t)\right]$；

高频正弦信号：$s_2(t)=\sin(2\pi 800t)$；

低频正弦信号：$s_3(t)=\sin(2\pi 90t)$；

值调制信号：$s_4(t)=\sin(2\pi 9t)\sin(2\pi 300t)$；

同时加入在（–1,1）内服从均匀分布的随机噪声$s_5(t)$；源信号波形如图6–20所示。

采样频率$fs=10\mathrm{kHz}$，数据长度为4000，产生的随机混合矩阵$\boldsymbol{A}$为

$$\boldsymbol{A}=\begin{bmatrix}-0.0792 & 0.3759 & 0.1943 & 0.4896 & 0.0771\\ -0.9505 & 0.4494 & -0.8207 & -0.9492 & 0.4033\\ 0.6747 & -0.5128 & 0.3010 & -0.4699 & 0.1695\\ -0.0079 & -0.0487 & 0.7890 & 0.4379 & -0.4460\\ 0.0434 & 0.6271 & 0.1065 & -0.8015 & -0.9960\end{bmatrix} \tag{6-45}$$

经混合矩阵后的混合信号如图6–21所示。

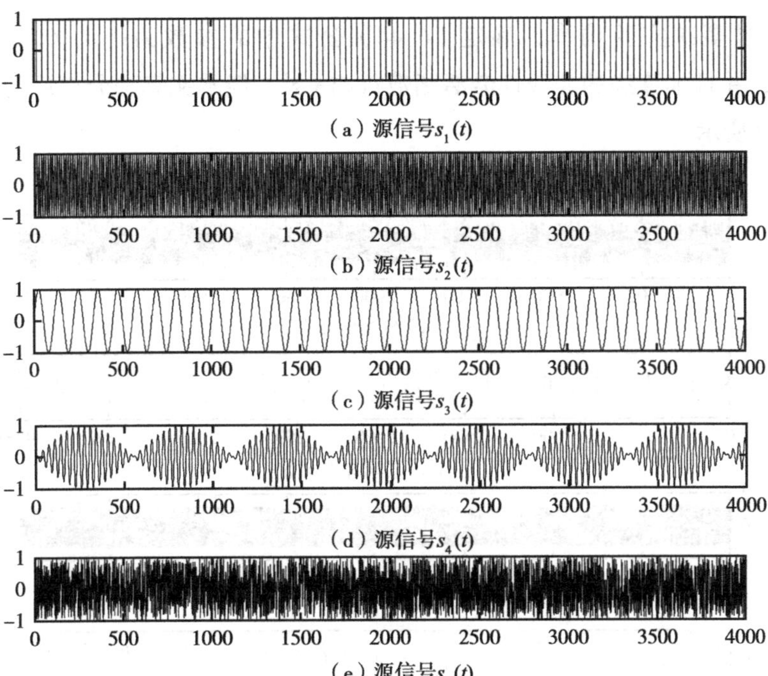

（a）源信号$s_1(t)$

（b）源信号$s_2(t)$

（c）源信号$s_3(t)$

（d）源信号$s_4(t)$

（e）源信号$s_5(t)$

图 6-20 源信号波形图

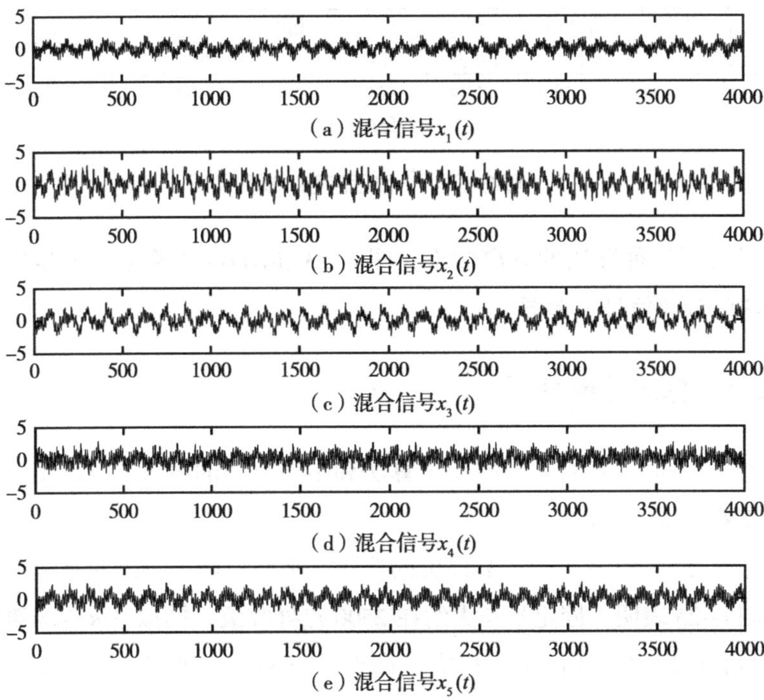

（a）混合信号$x_1(t)$

（b）混合信号$x_2(t)$

（c）混合信号$x_3(t)$

（d）混合信号$x_4(t)$

（e）混合信号$x_5(t)$

图 6-21 混合信号波形图

经过多次实验仿真，确定（6–44）公式中的参数为：η_0=0.03，α=5，β=0.6，并且本算法的非线性激活函数$f(s')=s^3$，经本文算法分离后的信号如图 6–22 所示。

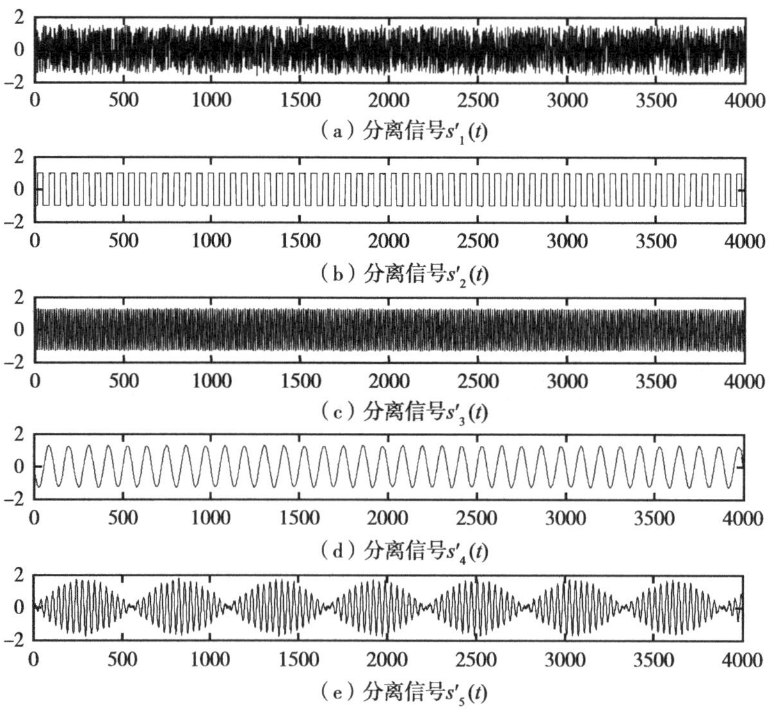

图 6–22　分离后信号波形图

为了说明三种算法的分离效果，图 6–23 和图 6–24 给出固定步长和模拟退火算法的分离信号波形图。

6.5.3　算法性能分析

图 6–25 是固定步长、模拟退火算法和本节算法的PI曲线对比图，此三种算法分离效果依次变好。

由图 6–22 可以看出，本节提出的算法在平稳环境中可以完全地分离出源信号，图 6–25 表明，固定步长大约在 2500 点处收敛，模拟退火因为第一阶段用的大步长所以收敛比固定步长快，收敛于 1500 点，所以变步长比固定步长

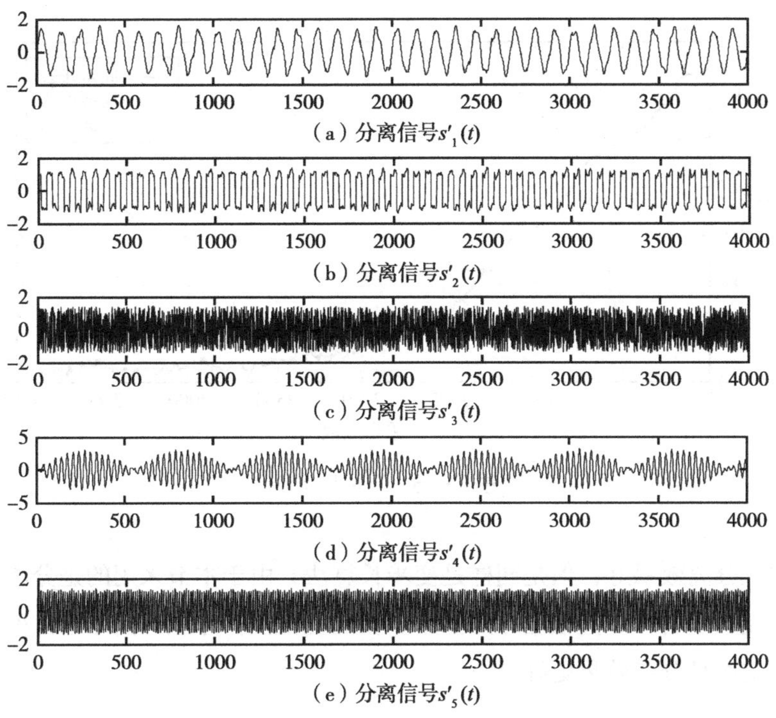

（a）分离信号$s'_1(t)$

（b）分离信号$s'_2(t)$

（c）分离信号$s'_3(t)$

（d）分离信号$s'_4(t)$

（e）分离信号$s'_5(t)$

图6-23 固定步长分离信号波形图

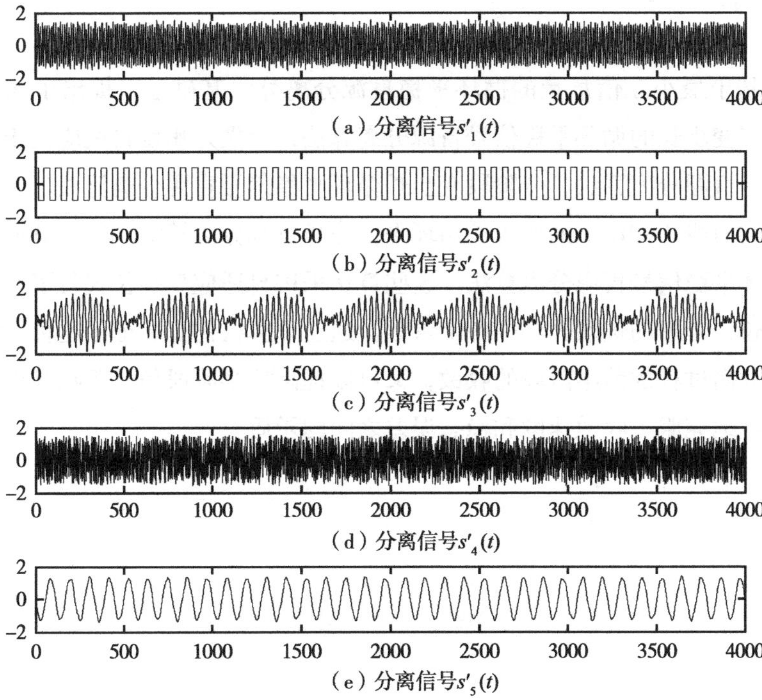

（a）分离信号$s'_1(t)$

（b）分离信号$s'_2(t)$

（c）分离信号$s'_3(t)$

（d）分离信号$s'_4(t)$

（e）分离信号$s'_5(t)$

图6-24 模拟退火分离信号波形图

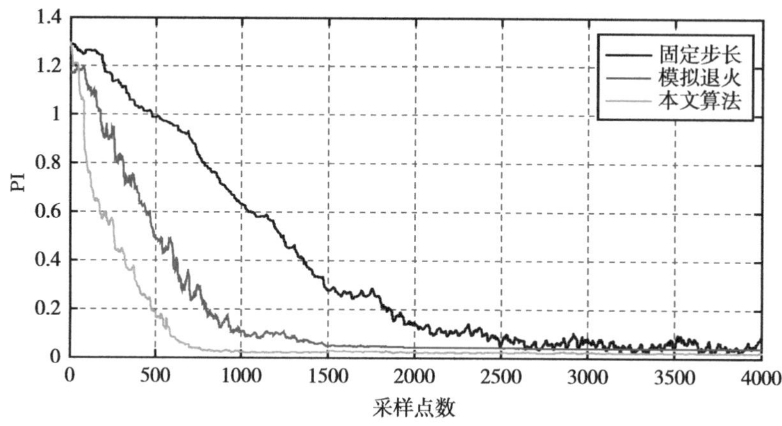

图 6-25 PI 曲线比较

收敛快且分离效果好，但是同样是变步长算法，由于本节采用的是分离度控制步长，克服了盲源分离根据时间控制步长的盲目性，导致分离结果比模拟退火算法稳定而且分离效果更好。

6.6 小 结

在基于最小互信息量的循环平稳盲源分离算法基础上，提出了四种不同的自适应变步长的循环平稳信号盲源分离算法，分别是峭度自适应变步长循环平稳信号盲源分离算法、分阶段变步长循环平稳信号盲源分离算法、基于类似性能指数曲线（SPIC）的变步长循环平稳信号盲源分离算法、基于分离度的变步长循环平稳信号盲源分离算法。这些算法采用自适应变步长代替了原算法中的定步长，合理的选取算法中各个参数。通过计算机仿真验证了这种算法既可以加快分离过程的前半阶段的收敛，又可以提高后半阶段信号跟踪和恢复的精度，很好地克服了收敛速度和稳态误差之间的矛盾。

参考文献

[1] 高颖，李月，杨宝俊．变步长自适应盲源分离算法综述［J］．计算机工程与应用，2007，43（19）：75–79.

[2] 李广彪，张剑云．基于分离度的步长自适应自然梯度算法［J］．信号处理，2007，23（3）：429–432.

[3] 张贤达，朱孝龙，保铮．基于分阶段学习的盲信号分离［J］．中国科学，2002，32（5）：693–703.

[4] 陈琛．基于自然梯度算法的变步长盲源分离［D］．太原：太原理工大学硕士学位论文，2012.

[5] 余华，吴文全，刘忠．基于模拟退火策略的自适应步长 EASI 算法［C］．第十四届全国信号处理学术年会（CCSP–2009）论文集，2009，25（8A）：122–126.

[6] 付卫红，杨小牛．改进的基于步长自适应的自然梯度盲源分离算法［J］．华中科技大学学报（自然科学版），2007，35（10）：18–20.

[7] Chambers J A，Jafari M G．Variable setp–size EASI algorithm for sequential blind source separation［J］. Electronics Lett，2004，40（6）：393–394.

[8] Yuan L，Wang W，Chambers J A．Variable setp–size sign natural gradient algorithm for sequential blind source separation［J］．IEEE Signal Processing Letters，2005，12（8）：589–592.

[9] Yuan L，Wang W，Sang E，et al．An effective method to improve convergence for sequential blind source separation［C］．Proc 1st International Conference on Natural Computation，2005：199–208.

[10] 孙守宇，郑君里，吴里江，等．峭度自适应学习率的盲信号分离［J］．电子学报，2005，33（3）：473–476.

[11] M. G. Jafari，S. R. Alty，J. A．Chambers．New natural gradient algorithm for cyclostationary sources［J］. Vision，Image and Signal Processing，2004，151（1）：62–68.

[12] M. G. Jafari，J. A. Chambers. Normalised Natural Gradient Algorithm For The Separation of Cyclostationary Sources［J］. IEEE International Conference on Acoustics，Speech，and Signal Processing. 2003，5(6–10)：301–304.

[13] 张贤达．现代信号处理［M］．北京：清华大学出版社，2002：90–99.

[14] 马庆伦．基于循环平稳理论的最小互信息量盲源分离算法［D］．太原：太原理工大学硕士学位论文，2010.

[15] Papoulis A．Probability，Random Variables，and Stochastic Process［B］．3rd ed．New York：McGraw–Hill，1991：190–191.

[16] 欧世峰，赵晓晖，高颖．结合辅助分离系统的变步长盲源分离算法［J］．电子学报，2009，37（007）：1588–1593.

[17] Gao L，Zhang T，He D，et al．A variable step–size EASI algorithm based on PI for DS–CDMA system blind estimation［C］．Image and Signal Processing（CISP），2012 5th International Congress on．IEEE，2012：1730–1734.

[18] Li Z，Liu R．A novel adaptive step–size algorithm of blind source separation based on non–linear function［C］．Consumer Electronics，Communications and Networks（CECNet），2011 International Conference on．IEEE，2011：4675–4678.

附　录

英汉对照术语表

Adaptive Algorithm　自适应算法

Autocorrelation Function　自相关函数

Average Interference Signal Ratio　平均干信比

Batch Algorithm　批处理算法

Blind Source Separation（BSS）　盲源分离

Convergence Rate　收敛速度

Convolved Mixture　卷积混合

Criteria of Cyclostationary Degree　循环平稳度准则

Cyclic Spectrum Density（CSD）　循环谱密度

Cyclic Cumulants　循环累积量

Cyclostationary Signal（CS）　循环平稳信号

Cyclostationary Theory　循环平稳理论

Degree of Cyclostationarity（DCS）　循环平稳度

Eigen value Decomposition　特征值分解

Entropy　信息熵

Fast Fixed-point Algorithm　快速固定点算法

Gaussian　高斯

Gradient Algorithm　梯度算法

Higher-order Cumulant　高阶累积量

Higher-order Statistics　高阶统计量

Independent Component Analysis（ICA）　独立成分分析

Inner Product Type Variable Step-size　内积型变步长

Instantaneous Mixture　瞬时混合

Joint Approximate Diagonalization of Eigenmatrices（JADE）联合近似对角化算法

Joint Probability Density Function　联合概率密度函数

Kullback-Leibler Divergence Kullback-Leibler　散度

Kurtosis　峭度

Kurtosis Maximization　最大化峭度

Linear Mixture　线性混合

Maximum Entropy（ME）最大熵

Maximum Likelihood　极大似然

Marginal Probability Density Function　边缘概率密度函数

Minimum Mutual Information（MMI）最小互信息量

Mixing Matrix　混合矩阵

Mutual Information　互信息

Natural Riemannian Metric（NRM）自然黎曼度量

Natural Gradient　自然梯度

Negative Entropy Maximization　最大化负熵

Negentropy　负熵

Neural Network　神经网络

Non-gaussian　非高斯性

Non-linear Function　非线性函数

Non-linear Mixture　非线性混合

Observed Signal　观测信号

Objective Function　目标函数

Off-line Algorithm　离线算法

On-line Algorithm　在线算法

Orthogonal Matrix　正交矩阵

Overdetermined　超定

Performance Index（PI）性能指数

Power Spectrum　功率谱

Prewhitening　预白化

Principal Component Analysis（PCA）　主元分析

Removing Mean　去均值

Robust Albino Average Matrix Diagonalization　鲁棒白化平均矩阵对角化

Robust Second Order Blind Indentification（RSOBI）　鲁棒白化二阶统计量的盲分离算法

Second-order Cyclic Statistics　二阶循环统计量

Second-order Cyclostational Degree　二阶循环平稳度

Second-Order Statistics（SOS）　二阶统计量

Second-Order Cyclostational Statistics（SOCS）　二阶循环平稳统计量

Separating Degree　分离度

Signal Noise Ratio（SNR）　信噪比

Similarity Coefficient　相似系数

Singular Value Decomposition（SVD）　奇异值分解

Source Signal　源信号

Spectral Correlation Density Function　谱相关密度函数

Stationary Random Process（SRP）　平稳随机过程

Subgaussian　亚高斯

Supergaussian　超高斯

Spectral Correlation Density Function　谱相关密度函数

State-type Variable Step-size　状态型变步长

Third-order Cumulant　三阶累积量

Underdetermined　欠定

Variable Step-size　变步长

Wide Sense Cyclostationary（WSCS）　广义循环平稳过程

Zero Meaning　零均值